ぜったいデキます！
ワード超入門

Office 2021/
Microsoft 365
両対応

JN016723

Imasugu Tsukaeru Kantan Series
Word Cho-Nyumon Office 2021 / Microsoft 365

技術評論社

この本の特徴

1 ぜったいデキます！

✓ 操作手順を省略しません！

解説を一切省略していないので、
途中でわからなくなることがありません！

✓ あれもこれもと詰め込みません！

操作や知識を盛り込みすぎていないので、
スラスラ学習できます！

✓ なんどもくり返し解説します！

一度やった操作もくり返し説明するので、
忘れてしまってもまた思い出せます！

2 文字が大きい

✓ たとえばこんなに違います

大きな文字で読みやすい	大きな文字で読みやすい	大きな文字で読みやすい
ふつうの本	見やすいといわれている本	この本

3 専門用語は絵で解説

✓ 大事な操作は言葉だけではなく絵でも理解できます

左クリックのアイコン	ドラッグのアイコン	入力のアイコン	Enterキーのアイコン

4 オールカラー

✓ 2色よりもやっぱりカラー

2色	カラー

目 次

パソコンの基本操作

1 ワードの基本を学ぼう

2 案内文書を作ろう

CONTENTS

3 文書の内容を入力しよう

目次

4

文字に飾りをつけよう

5

レイアウトを整えて完成させよう

CONTENTS

6 説明会のチラシを作ろう

7 チラシに写真を入れて飾ろう

目 次

8 表を作成しよう

9 ワードを便利に活用しよう

CONTENTS

01 » マウスの使い方を知ろう

> パソコンを操作するには、マウスを使います。
> マウスの正しい持ち方や、クリックやドラッグなどの使い方を知りましょう。

マウスの各部の名称

最初に、**マウスの各部の名称**を確認しておきましょう。**初心者には
マウスが便利**なので、パソコンについていなかったら購入しましょう。

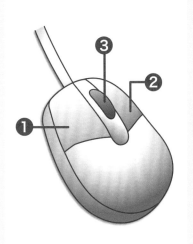

❶ 左ボタン

左ボタンを1回押すことを**左クリック**といいます。画面にあるものを選択したり、操作を決定したりするときなどに使います。

❷ 右ボタン

右ボタンを1回押すことを**右クリック**といいます。操作のメニューを表示するときに使います。

❸ ホイール

真ん中のボタンを回すと、画面が上下左右に**スクロール**します。

マウスの持ち方

マウスには、操作のしやすい持ち方があります。
ここでは、マウスの**正しい持ち方**を覚えましょう。

❶ 手首を机につけて、マウスの上に軽く手を乗せます。

❷ マウスの両脇を、**親指と薬指で**軽くはさみます。

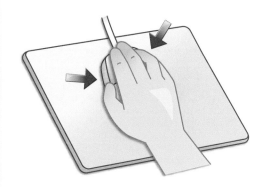

❸ 人差し指を左ボタンの上に、**中指**を右ボタンの上に軽く乗せます。

❹ 机の上で前後左右にマウスをすべらせます。このとき、**手首をつけたまま**にしておくと、腕が楽です。

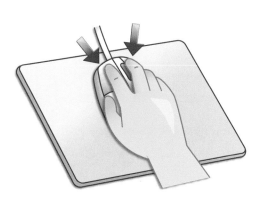

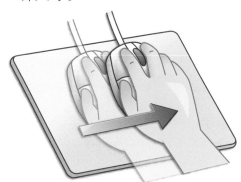

カーソルを移動しよう

マウスを動かすと、それに合わせて画面内の矢印が動きます。
この矢印のことを、**カーソル**といいます。

マウスを右に動かすと…

カーソルも右に移動します

● もっと右に移動したいときは？

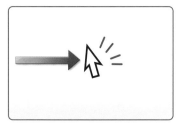

もっと右に動かしたいのに、
マウスが机の端に来てしまったと
きは…

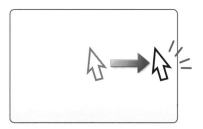

マウスを机から**浮かせて**、左側に
持っていきます❶。そこからまた
右に移動します❷。

マウスをクリックしよう

マウスの左ボタンを1回押すことを**左クリック**といいます。
右ボタンを1回押すことを**右クリック**といいます。

❶ クリックする前

11ページの方法でマウスを
持ちます。

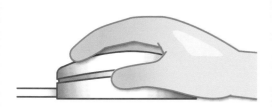

マウスを持つ

❷ クリックしたとき

人差し指で、左ボタンを軽く押します。カチッと音がします。

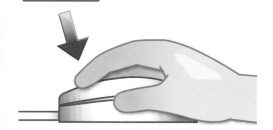

軽く押す

❸ クリックしたあと

すぐに指の力を抜きます。左ボタン
が元の状態に戻ります。

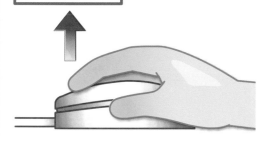

指の力を抜く

マウスを操作するときは、ボタンの
上に軽く指を乗せておきます。ボタ
ンをクリックするときも、ボタンから
指を離さずに操作しましょう！

マウスをダブルクリックしよう

左ボタンを2回続けて押すことを、**ダブルクリック**といいます。
カチカチとテンポよく押します。

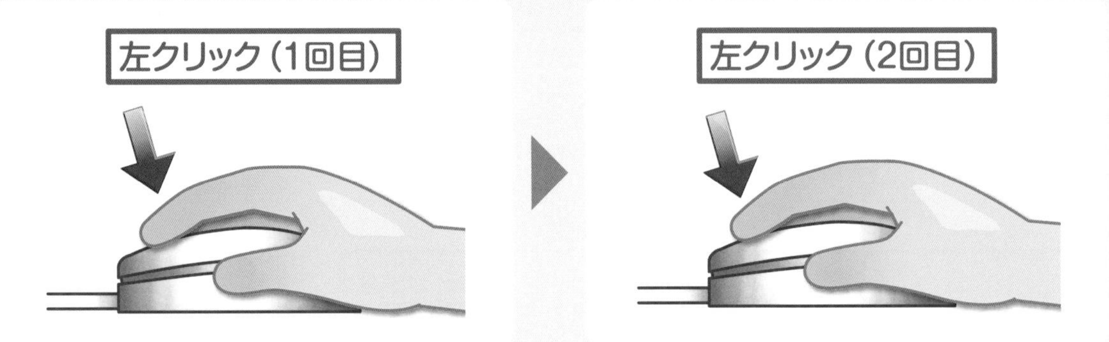

練習 デスクトップの**ごみ箱**のアイコンを使って、
ダブルクリックの練習をしましょう。

❶ 画面左上にあるごみ箱の上に（カーソル）を移動します。

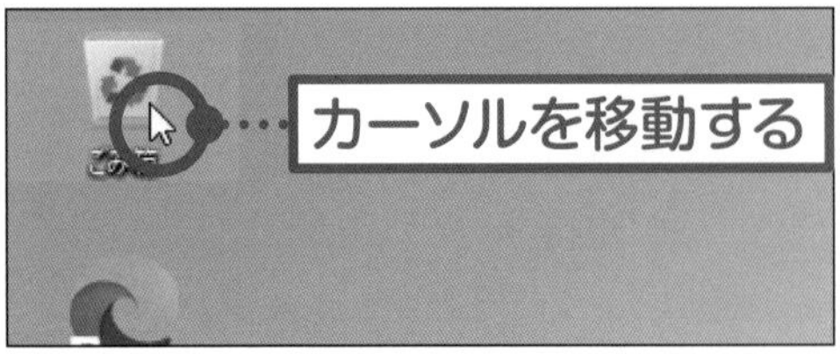

❷ 左ボタンをカチカチと2回押します（ダブルクリック）。

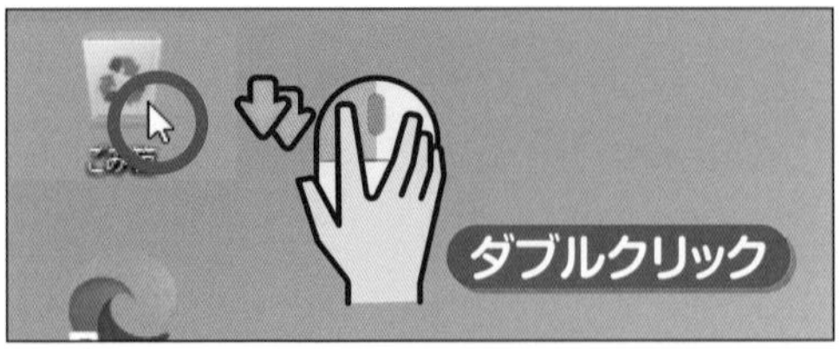

❸ ダブルクリックがうまくいくとごみ箱が開きます。

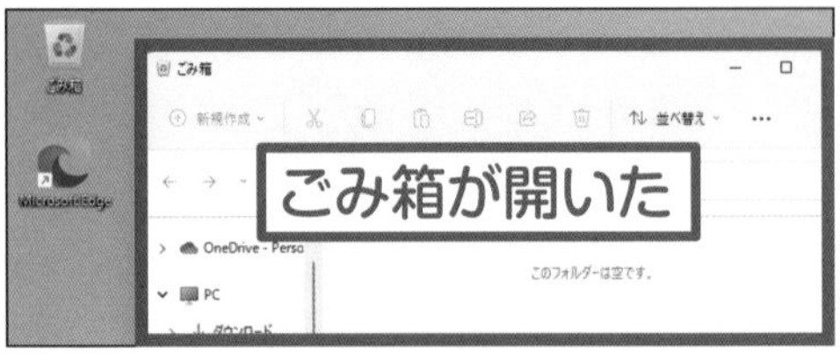

❹ ×（閉じる）に（カーソル）を移動して左クリックします。ごみ箱が閉じます。

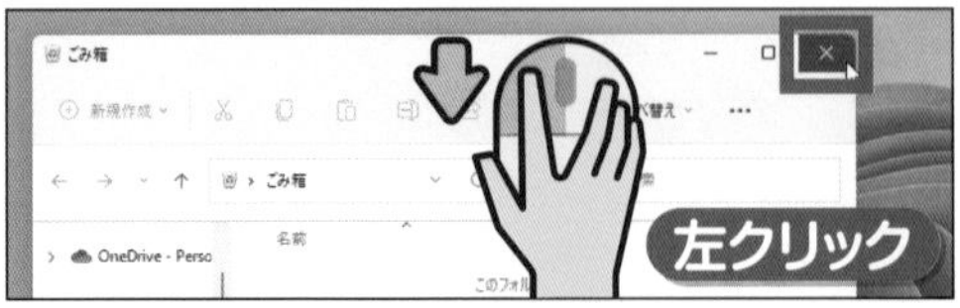

マウスをドラッグしよう

マウスの左ボタンを押しながらマウスを動かすことを、
ドラッグといいます。

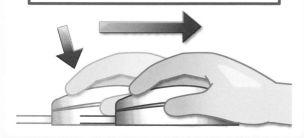

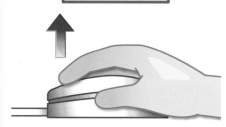

練習 デスクトップの**ごみ箱**のアイコンを使って、
ドラッグの練習をしましょう。

❶ ごみ箱の上に ▷ (カーソル)を
移動します。左ボタンを押した
まま、マウスを右下方向に移動
します。指の力を抜きます。

❷ ドラッグがうまくいくと、ごみ箱
の場所が移動します。
同様の方法で、ごみ箱を元の
場所に戻しましょう。

02 » キーボードを知ろう

パソコンで文字を入力するには、キーボードを使います。
最初に、キーボードにどのようなキーがあるのかを確認しましょう。

📖 キーの配列

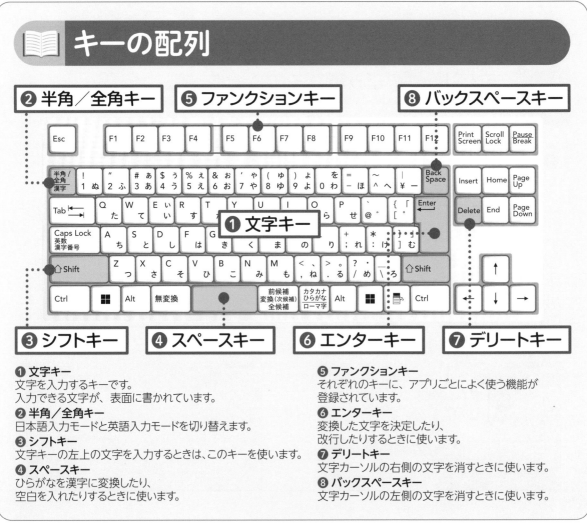

❷ 半角／全角キー　❺ ファンクションキー　❽ バックスペースキー

❶ 文字キー

❸ シフトキー　❹ スペースキー　❻ エンターキー　❼ デリートキー

❶ 文字キー
文字を入力するキーです。
入力できる文字が、表面に書かれています。

❷ 半角／全角キー
日本語入力モードと英語入力モードを切り替えます。

❸ シフトキー
文字キーの左上の文字を入力するときは、このキーを使います。

❹ スペースキー
ひらがなを漢字に変換したり、
空白を入れたりするときに使います。

❺ ファンクションキー
それぞれのキーに、アプリごとによく使う機能が
登録されています。

❻ エンターキー
変換した文字を決定したり、
改行したりするときに使います。

❼ デリートキー
文字カーソルの右側の文字を消すときに使います。

❽ バックスペースキー
文字カーソルの左側の文字を消すときに使います。

1 ワードの基本を学ぼう

この章で学ぶこと

- ● ワードを起動できますか?

- ● 新しい文書を作成できますか?

- ● ワードの画面の各部名称がわかりますか?

- ● 作成した文書を保存できますか?

- ● 保存した文書を開けますか?

01 » この章でやることを知っておこう

この章では、ワードの画面を表示して新しい文書を作成します。
文書を保存してワードを終了するなどの基本操作を紹介します。

ワードの画面を表示する

スタートメニューからワードを起動して、文書を作成する準備をします。

文字を入力するための場所 　　　　　　　操作のボタン

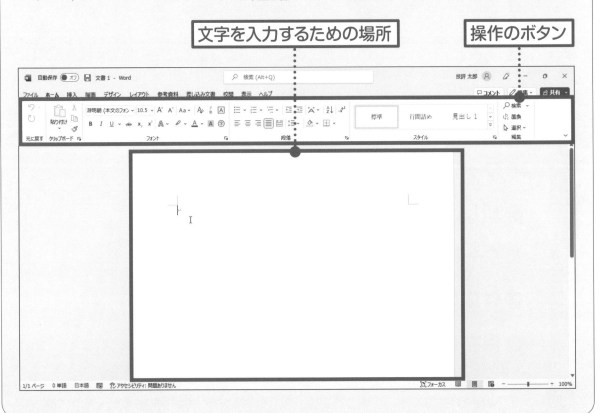

文書を保存する

作成した文書は、ファイルとして**保存**します。

保存した文書は、なんどでも開いて**修正**できます。

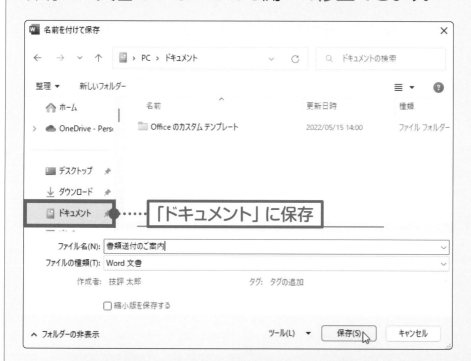
「ドキュメント」に保存

ワードを終了する

閉じる

$\boxed{\times}$ を 左クリックして、ワードを終了します。

左クリック

02 » ワードを起動しよう

> ワードの画面を開く方法を紹介します。
> ここでは、アプリの一覧を表示して、ワードを起動します。

操作
 移動 ▶P.012 　 左クリック ▶P.013 　 回転 ▶P.010

1 スタートボタンを左クリックします

左クリック

画面下の

スタートボタン
 に

カーソル
を移動して、

 左クリックします。

2 スタートメニューが表示されます

スタートメニューが
表示されます。

スタートメニュー

3 すべてのアプリを表示します

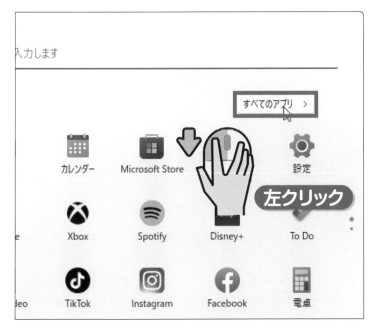

 に

カーソル
を移動して、

左クリックします。

次へ ▶

4 アプリの一覧が表示されます

アプリの一覧が
表示されます。

パソコンにインストールされた
アプリはすべてここに表示さ
れます！

5 ワードを探します

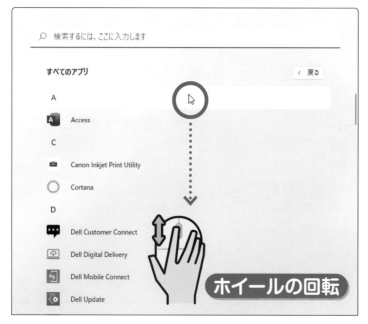

ホイールの回転

アプリの一覧の上に
カーソル
を移動します。

マウスのホイールを

回転して、

ワードのアプリを
探します。

6 ワードを起動します

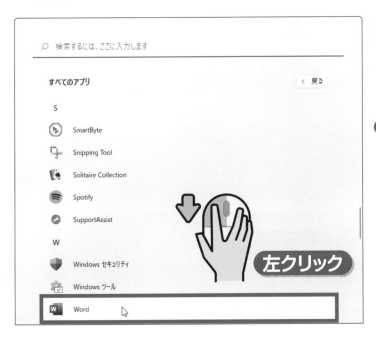

 を

 左クリックします。

✔ ポイント

本書はワード 2021の解説書です。お使いのワードが2021ではない場合は、操作が異なる場合があります。

7 ワードが起動しました

ワードが起動しました。

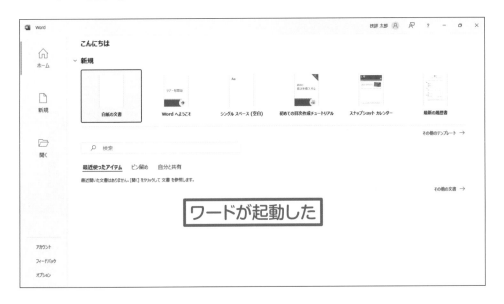

ワードが起動した

03 » 新規文書を作成しよう

ワードで、新しい文書を作る準備をしましょう。
ワードを起動した状態から操作します。

操作  移動 ▶P.012  左クリック ▶P.013

1 ワードを表示します

20ページの方法で、ワードを起動します。

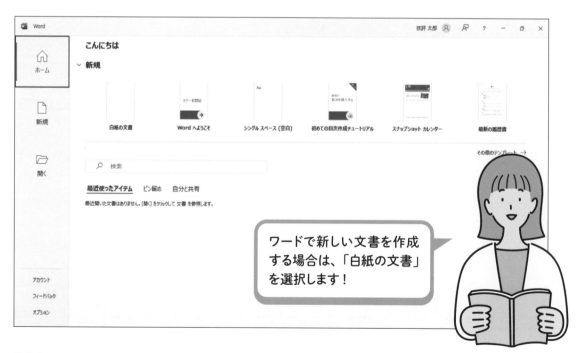

ワードで新しい文書を作成する場合は、「白紙の文書」を選択します！

2 白紙の文書を表示します

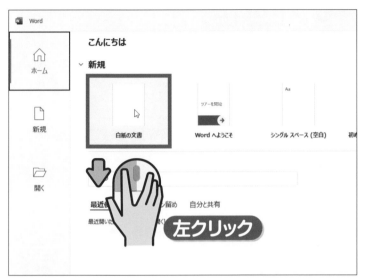

に

を移動して、

左クリックします。

3 新しい文書が表示されます

新しい文書が作成できました。

ワードの画面が小さい場合、
右上の□を左クリックすると
画面いっぱいに広がります。

04 » ワードの画面を確認しよう

ワードの画面全体を見てみましょう。画面各部の名前と役割を確認しておきます。ここでの名称は、本文の解説でもでてくるので覚えておきましょう。

ワードの画面

ワードの画面は、次のようになっています。

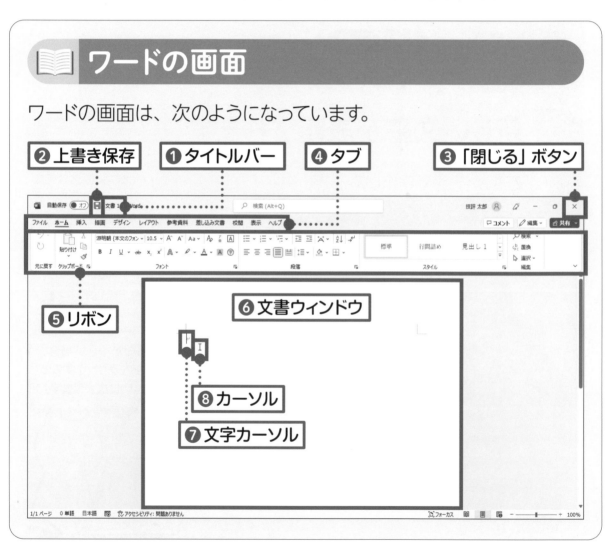

❷上書き保存　❶タイトルバー　❹タブ　❸「閉じる」ボタン

❺リボン

❻文書ウィンドウ

❽カーソル

❼文字カーソル

各部の役割

❶ タイトルバー

現在開いているファイルの名前（ここでは「文書1」）が表示されます。

❷ 上書き保存

文書を保存するときに使います。

❸ 「閉じる」ボタン

このボタンを左クリックすると、ワードが終了します。

❹ タブ／❺ リボン

よく使う機能が、分類ごとにまとめられて並んでいます。タブを左クリックすると、リボンの内容が切り替わります。

❻ 文書ウィンドウ

文書の内容を入力する場所です。

❼ 文字カーソル

文字が表示される位置を示しています。ペン先と考えるとわかりやすいでしょう。

❽ カーソル

マウスの位置を示しています。カーソルの形は、マウスの位置によって変化します。

05 » 文書を保存しよう

作成したファイルをあとから利用するには、ファイルに名前をつけて保存します。
作成したファイルには、それぞれ別の名前をつけます。

操作

 移 動 ▶P.012 左クリック ▶P.013  入 力 ▶P.016

1 文書を保存する準備をします

左クリック

上書き保存

 を

左クリックします。

左の画面が
表示された場合は、

 を

左クリックします。

左クリック

2 保存先を選びます

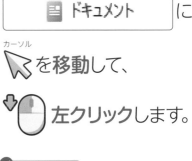

| 参照 | に

カーソル

を移動して、

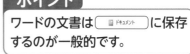 左クリックします。

3 「ドキュメント」を選びます

| ドキュメント | に

カーソル

を移動して、

左クリックします。

ポイント

ワードの文書は ドキュメント に保存するのが一般的です。

次へ ▶

4 ファイル名を入力して保存します

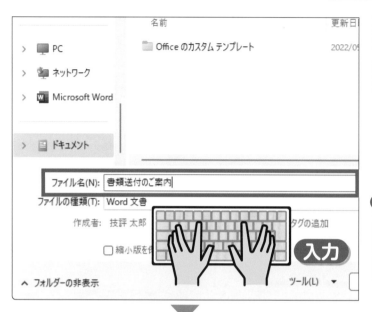

ファイル名(N): の

文書1 に、

ファイルの名前を

入力します。

✓ ポイント

ここでは「書類送付のご案内」と
入力します。漢字変換の方法は
46ページで解説しています。

保存(S) に

カーソル

を移動して、

左クリックします。

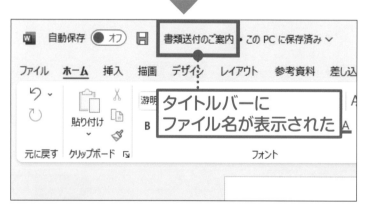

ファイルが
保存されます。

2回目以降は上書き保存される

ファイルを保存すると、次回からは 上書き保存 ![保存]をを**左クリック**するだけで、

修正した内容を保存することができます（**上書き保存**）。

この場合、ファイル名を入力する保存画面は表示されません。

上書き保存の詳しい操作は、58ページを参照してください。

● はじめて保存する場合　新規保存

ファイル を**左クリック**して、 名前を付けて保存 を**左クリック**します。

保存画面が表示される

新しいファイルが
保存される

● 2回目以降に保存する場合　上書き保存

  保存画面は表示されない 最新の内容に更新されて
保存される

06 » ワードを終了しよう

文書を保存してワードを使い終わったら、ワードを終了します。
正しい操作でワードを終了しましょう。

操作  移 動 ▶P.012  左クリック ▶P.013

1 ワードを終了します

 左クリック

画面右上の

閉じる

✕ に

カーソル

 を移動して、

左クリックします。

2 メッセージが表示された場合は

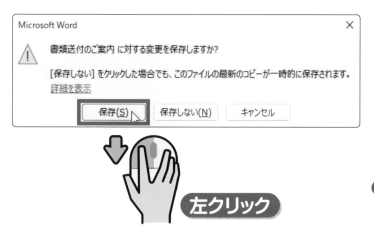

左の画面が
表示されたら、

を

左クリックします。

ポイント
左の画面が表示されないときは、
そのまま次の手順に進みます。

3 ワードが終了しました

ワードのウィンドウが閉じて、デスクトップが表示されます。

ワードが終了した

07 » 保存した文書を開こう

保存したファイルを再び使うときは、ファイルを開きます。
ここでは、28ページで保存した「書類送付のご案内」のファイルを開きます。

操作   移動 ▶P.012   左クリック ▶P.013

1 ファイルを開く準備をします

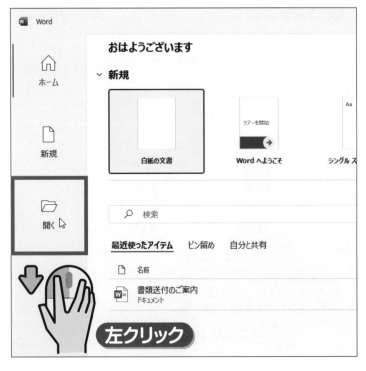

左クリック

20ページの方法で、ワードを起動します。

 に

カーソル を移動して、

左クリックします。

2 ファイルを開きます

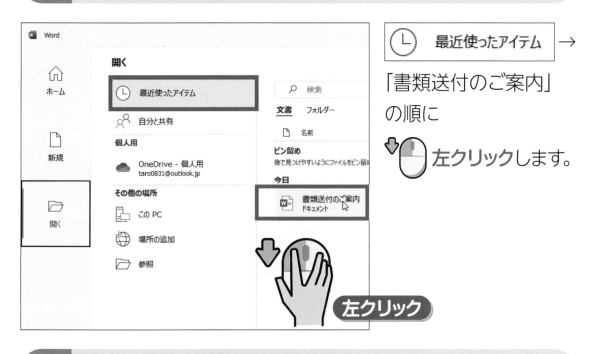

最近使ったアイテム →

「書類送付のご案内」
の順に

左クリックします。

3 ファイルが開きました

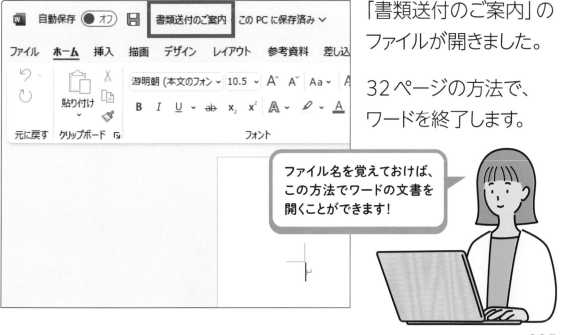

「書類送付のご案内」の
ファイルが開きました。

32ページの方法で、
ワードを終了します。

ファイル名を覚えておけば、
この方法でワードの文書を
開くことができます！

練習問題

1 スタートメニューを表示するときに、
最初に左クリックするボタンはどれですか?

2 ワードを終了するときに、左クリックするボタンはどれですか?

3 文書を保存するとファイルの名前は
次のどこに表示されますか?

❶ タブ　　❷ タイトルバー　　❸ リボン

2 案内文書を作ろう

この章で学ぶこと

- 日本語入力と英語入力を切り替えられますか?

- 日付を入力できますか?

- 文章を改行できますか?

- まちがった文字を修正できますか?

- 更新した文書を上書き保存できますか?

01 » この章でやることを知っておこう

この章では、案内文書を作成しながら、文字入力の基本を学びます。
入力した文字を修正する方法なども紹介します。

📖 文字を入力する

ひらがなや漢字、英字などを入力します。

漢字を入力するには、ひらがなを入力して漢字に変換します。

📖 文字を修正する

文字を**修正**するには、修正したい文字を削除して、
新しい文字を入力し直します。

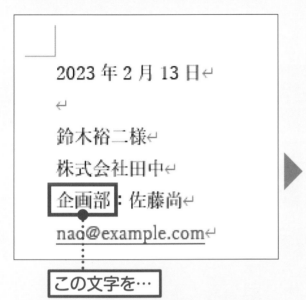

この文字を…

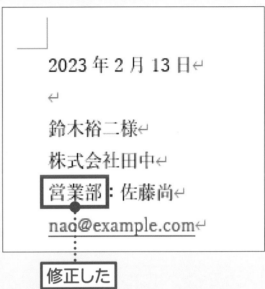

修正した

📖 文書を上書き保存する

修正した文書は、🖫 を**左クリック**するだけで

保存し直すことができます（**上書き保存**）。

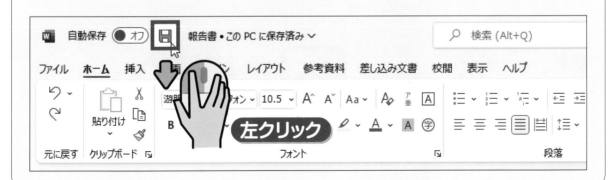

02 » 日本語入力のしくみを 知ろう

> 日本語を入力するために必要な、入力モードアイコンを理解しましょう。
> 日本語と英語の入力を切り替えることができます。

📖 入力モードを知ろう

英語と日本語の切り替えは、**入力モードアイコン**で行います。

入力モードアイコン ……～●あ 📟 🔊 11:58 2023/02/13

入力モードアイコンの あ は、**日本語入力モード**です。

入力モードアイコンの A は、**英語入力モード**です。

入力モードアイコンの切り替えは、半角/全角 キーを押して行います。

日本語入力モード ← 半角/全角漢字 → 英語入力モード

📖 文字の入力方法を知ろう

日本語入力モードには、ローマ字で入力する**ローマ字入力**と、
ひらがなで入力する**かな入力**の２つの方法があります。
本書では、**ローマ字入力を使った方法**を解説します。

● ローマ字入力

ローマ字入力は、アルファベットのローマ字読みで日本語を入力します。かなとローマ字を対応させた表を、この本の裏表紙に掲載しています。

● かな入力

かな入力は、キーボードに書かれているひらがなの通りに日本語を入力します。

03 » 今日の日付を入力しよう

文書の先頭に、今日の日付を入力しましょう。
日付の途中まで入力すると、今日の日付が自動的に入力されます。

操作

入力
▶P.016

1 入力の準備をします

34ページの方法で、「書類送付のご案内」を開いておきます。

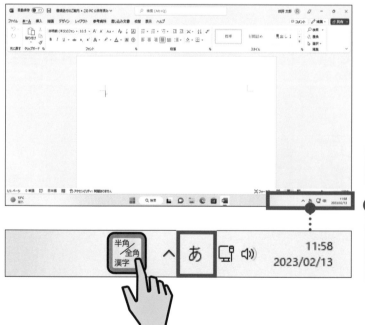

入力モードアイコンが

A になっている場合は、

半角／全角

半角／全角漢字 キーを押して、

あ に切り替えます。

✓ ポイント

ここでは、ローマ字入力の方法（41ページ）で文字を入力します。

半角／全角漢字　へ　あ　🖥️ 🔊　11:58　2023/02/13

2 今日の日付を入力します

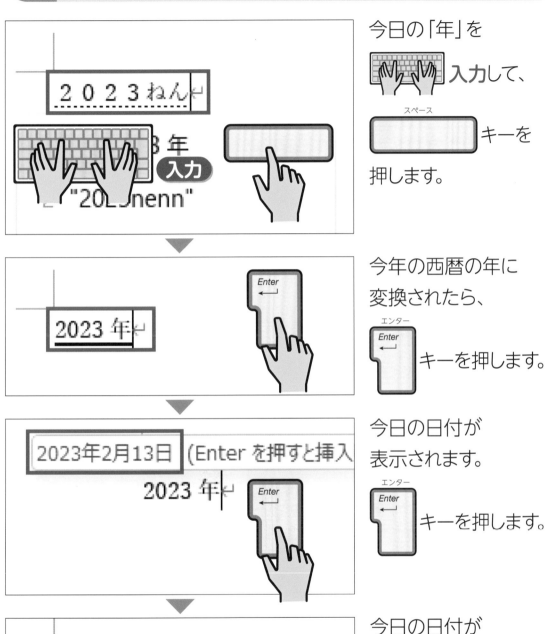

今日の「年」を
入力して、

スペース
キーを
押します。

今年の西暦の年に
変換されたら、

エンター
Enter
キーを押します。

今日の日付が
表示されます。

エンター
Enter
キーを押します。

今日の日付が
自動で入力されました。

04 » 次の行に改行しよう

ひとまとまりの文章を入力できたら、区切りの位置で改行します。
次の行の先頭から文字を入力できるように、文字カーソルを移動します。

| 操作 |  | 入 力 ▶P.016 |

1 改行します

2023 年 2 月 13 日

文字カーソル
行の最後で ┃ が
点滅していることを
確認します。

エンター
Enter キーを押します。

2023 年 2 月 13 日↵

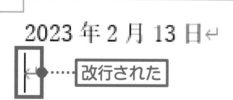
改行された

文字カーソル
┃ が次の行の
先頭に移動します。
これで、
改行できました。

2 空行を入れます

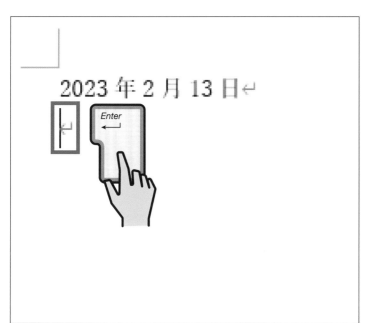

行の先頭に _{文字カーソル} │ が

あることを確認します。

_{エンター} Enter キーを押します。

3 空行が入りました

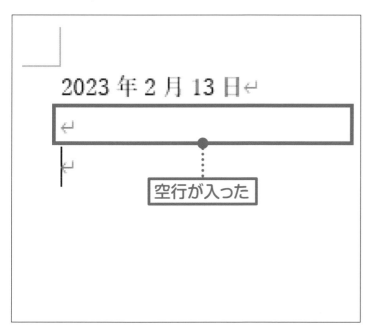

空行が入った

_{文字カーソル}
│ が

次の行に移動します。

1行分、間が空いて、
空行が入りました。

✓ ポイント
↵（段落記号）は行末を意味する
記号です。印刷はされません。

05 » 宛先を入力しよう

ここでは、案内文書の冒頭に文書の宛先を入力しましょう。
入力したい文字に変換されなかったときは、変換候補の中から選び直します。

操作 　入力 ▶P.016

1 「鈴木」と入力します

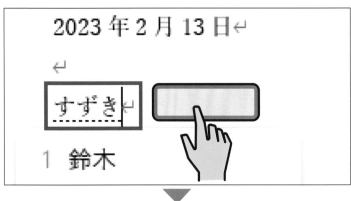

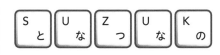

S と U な Z っ U な K の キーを押します。

I に キーを押します。

スペース キーを押します。

「鈴木」と変換されたら、

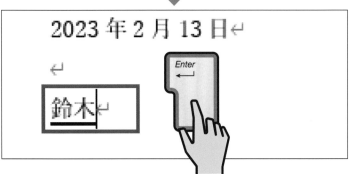

エンター
Enter キーを押します。

2 「ゆうじ」と入力して変換します

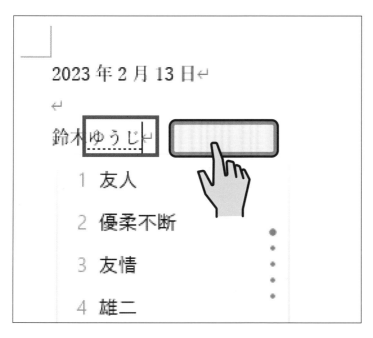

キーを押します。

キーを

押します。

3 文字が変換されます

ここでは、「裕二」と
入力したいのですが、
まちがって「雄二」と
変換されてしまいました。

ポイント

以前「裕二」と入力した場合は、
最初に「裕二」と表示されます。

次へ ▶

4 別の変換候補から文字を選びます

もう一度

キーを

押します。

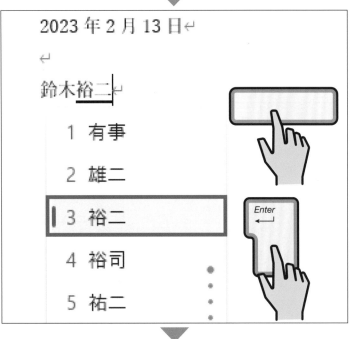

なんどか

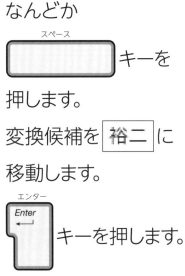キーを

押します。

変換候補を 裕二 に

移動します。

Enter キーを押します。

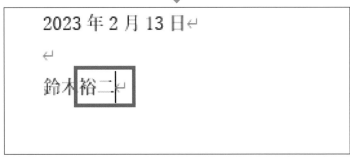

「裕二」と
入力できました。

5 宛先の続きを入力します

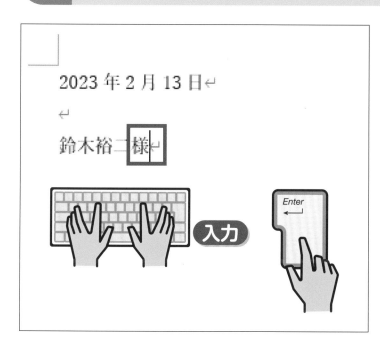

「様」を

入力します。

行の最後で _{文字カーソル} ┃ が
点滅していることを
確認します。

キーを押します。

6 改行されました

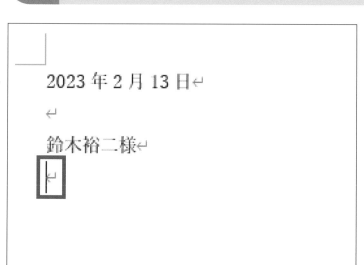

^{文字カーソル}
┃ が次の行の
先頭に移動します。
これで
改行されました。

06 » 差出人の名前を入力しよう

会社名や差出人などの情報を入力します。
ひらがなで読みを入力してから、漢字に変換します。

操作　　入力 ▶P.016

1 会社名を入力します

入力

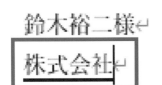

「かぶしきがいしゃ」と

入力して、

スペース
キーを

押します。

「株式会社」と
変換されたら、

エンター
Enter
キーを押します。

2 続きの内容を入力します

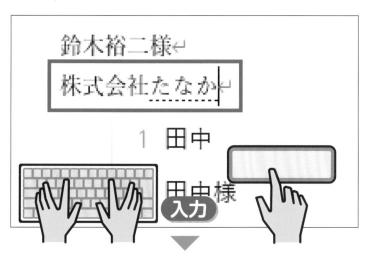

「たなか」と

 入力して、

 キーを

押します。

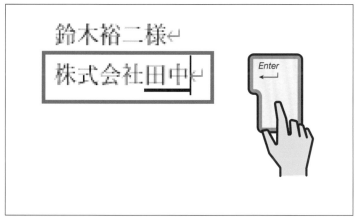

「田中」と表示されたら、

 キーを押します。

✔ ポイント

他の漢字が表示された場合は、50ページの方法で「田中」に変換します。

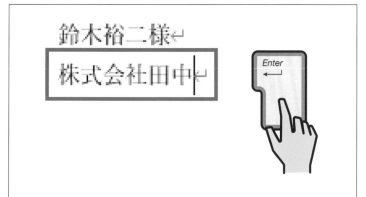

会社名を
入力できました。

 キーを押して、

改行します。

051

③ 部署名を入力します

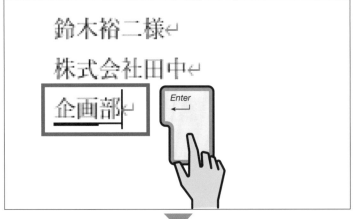

「きかくぶ」と

入力して、

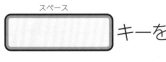キーを
押します。

「企画部」と表示されたら、

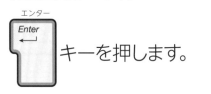キーを押します。

「企画部」と
入力されました。

4 「：」と差出人を入力します

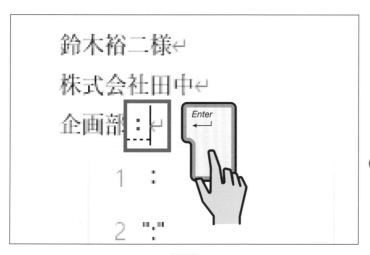

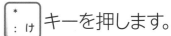 キーを押します。

 キーを押します。

✔ ポイント

「：」は、「コロン」といいます。
言葉と言葉を区切るときによく使
う記号です。

続きの文字を

入力します。

 キーを押します。

改行されました。

07 » メールアドレスを入力しよう

差出人のメールアドレスを、アルファベットの半角文字で入力します。
ここでは、日本語入力モードから英語入力モードに切り替えます。

操作 入力 ▶P.016

1 入力モードアイコンを切り替えます

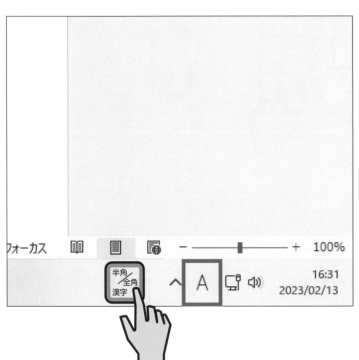

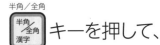キーを押して、

 切り替えます。

あ から A に

なれないうちは、あとAを見て、入力されている文字を確認してください！

2 メールアドレスを入力します

鈴木裕二様←
株式会社田中
企画部：佐藤尚←
nao@example.com←

入力

メールアドレスを

入力します。

ポイント

「@」（アットマーク）は、「P」の右側にあるキーを押して入力します。

鈴木裕二様←
株式会社田中←
企画部：佐藤尚←
nao@example.com←
├

×2

エンター
Enter
キーを押して、

改行します。
もう一度

エンター
Enter
キーを押します。

鈴木裕二様←
株式会社田中←
企画部：佐藤尚←
nao@example.com←
←
├

空行が入りました。

半角／全角
半角全角漢字 キーを押して、

A から あ に

切り替えます。

08 » 文字を修正しよう

入力した文字を修正する方法を覚えましょう。
まちがえた文字を削除して、別の文字を入力します。

操作　 移動 ▶P.012　 左クリック ▶P.013　 入力 ▶P.016

1 文字カーソルを移動します

鈴木裕二様↵
株式会社田中↵
I企画部：佐藤尚↵
nao@example.com↵
左クリック
↵

▼

鈴木裕二様↵
株式会社田中↵
企画部：佐藤尚↵
nao@example.com↵
↵

修正したい文字の
左側に

カーソル
I を**移動**して、

 左クリックします。

文字カーソル
| が点滅します。

✔ ポイント

ここでは、「企画」を「営業」に修正します。

2 文字を修正します

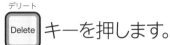 キーを押します。

│ の右側の文字が

削除されます。

「企」の文字が消えます。

✓ ポイント

Delete キーを押すと、文字カーソルの右側の文字が消えます。

もう一度

Delete キーを押して、

「画」の文字を

削除します。

「営業」と

 入力します。

これで、文字を

修正できました。

057

09 》 文書を 上書き保存しよう

文字に修正を加えたら、上書き保存をして、
最新の状態を保存しておきます。

操作

1 ファイルを保存します

上書き保存

に

カーソル

を移動して、

左クリックします。

これで
「書類送付のご案内」が
修正後のデータで
上書き保存されました。

2 ワードを終了します

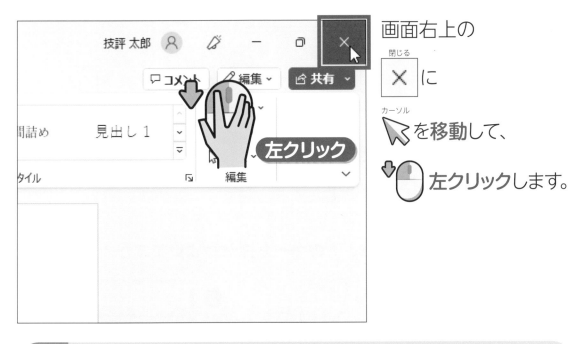

画面右上の

閉じる

✕ に

カーソル

⬜ を**移動**して、

左クリックします。

3 ワードが終了しました

ワードが終了しました。デスクトップの画面が表示されます。

ワードが終了した

練習問題

---

1 日本語入力モード あ と英語入力モード A を切り替えるには、どのキーを押せばよいですか?

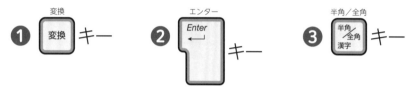

変換
❶ 変換 キー

エンター
❷ Enter キー

半角／全角
❸ 半角／全角漢字 キー

---

2 文字を変換するには、どのキーを押せばよいですか?

デリート
❶ Delete キー

エンター
❷ Enter キー

スペース
❸ キー

---

3 文字を上書き保存するときに、左クリックするボタンはどれですか?

❶ ―　　❷ 🗗　　❸ 💾

3 文書の内容を入力しよう

この章で学ぶこと

● 頭語に対する結語を自動で入力できますか?

● 本文を入力できますか?

● 記号を入力できますか?

● 文字をコピーして貼り付けられますか?

● 文字を別の場所に移動できますか?

01 » この章でやることを知っておこう

> この章では、案内文書の内容を入力します。
> 本文や別記事項の項目、補足事項などを入力します。

本文を入力する

「**拝啓**」から始まる本文を入力します。

「拝啓」と入力すると、「**敬具**」の文字が自動的に入力されます。

鈴木裕二様←
株式会社田中←
営業部：佐藤尚←
nao@example.com←

書類送付のご案内←
←
拝啓　時下ますますご清栄のこととお慶び申し上げます。平素は格別のご高配を賜り、厚く御礼申し上げます。←
さて、下記の通り書類を送付いたしますので、是非ご検討くださいますようお願い申し上げます。←
←

敬具←

←

別記事項を入力する

別記事項の項目を入力します。

「記」と入力すると、「以上」の文字が自動的に入力されます。

> さて、下記の通り書類を送付いたしますので、是非ご検討くださいますようお願い申し上げます。↵
> ↵
> 　　　　　　　　　　　　　　　　　　　　　　　　　　　　　　　　敬具↵
> 　　　　　　　　　　　　　　　記↵
>
> 新製品カタログ５部↵
> 価格表５部↵
> ↵
> ※ご不明点などがありましたらお気軽にお問い合わせくださいませ。↵
> 　　　　　　　　　　　　　　　　　　　　　　　　　　　　　　　　以上↵
> ↵

補足事項を入力する

「※」のあとに、補足事項を入力します。

記号を入力する方法を知りましょう。

> さて、下記の通り書類を送付いたしますので、是非ご検討くださいますようお願い申し上げます。↵
> ↵
> 　　　　　　　　　　　　　　　　　　　　　　　　　　　　　　　　敬具↵
> 　　　　　　　　　　　　　　　記↵
> 新製品カタログ５部↵
> 価格表５部↵
> ↵
> ※ご不明点などがありましたらお気軽にお問い合わせくださいませ。↵
> 　　　　　　　　　　　　　　　　　　　　　　　　　　　　　　　　以上↵
> ↵

02 » タイトルを入力しよう

文書のタイトルを入力しましょう。
文字を入力する箇所に、文字カーソルを移動してから入力します。

1 入力の準備をします

34ページの方法で、「書類送付のご案内」を開いておきます。

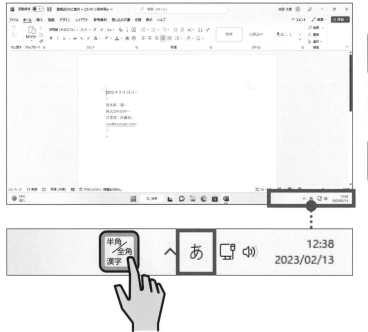

入力モードアイコンが

A になっている場合は、

半角／全角
[半角／全角 漢字] キーを押して、

あ に切り替えます。

2 タイトルを入力します

営業部：佐藤尚←

nao@example.com←

←

左クリック

タイトルを
入力する場所に

 を**移動**して、

左クリックします。

営業部：佐藤尚←

nao@example.com←

←

文字を入力する場所に

| が表示されます。

営業部：佐藤尚←

nao@example.com←

←

書類送付のご案内←

入力

Enter ×2

タイトルを

入力します。

Enter

キーを２回押して、

空行を入れます。

03 » 本文の書き出しを入力しよう

案内文書の本文を入力する前に、書き出しの頭語や結語を入力しましょう。
ここではワードの機能を利用して、「拝啓」「敬具」を入力します。

操作　　入力
▶P.016

1 頭語を入力します

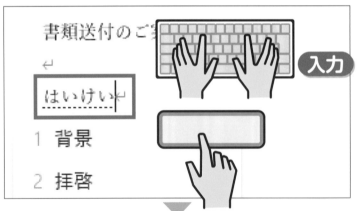

「はいけい」と入力し、

キーを押します。

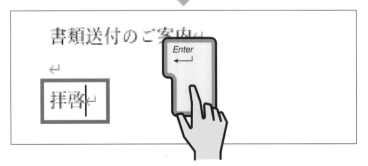

「拝啓」と変換されたら、

キーを押します。

2 結語が入力されます

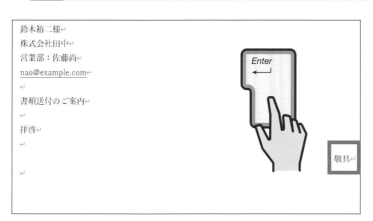

もう一度

キーを押します。

右下に「敬具」の文字が
自動で入力されます。

✒️ スペースキーの2つの役割

コラム

文字を入力するときのスペースキーには、
変換と空白文字を入れるという2つの役割があります。

● 漢字の読みを入力したあとにスペースキーを押すと、
　文字が変換されます。

● 文字が確定されているときにスペースキーを押すと、
　空白文字が入ります。

04 » 本文を入力しよう

案内文書の本文を入力しましょう。
あいさつ文や内容を入力しながら、句読点の入力も学びます。

1 あいさつ文を入力します

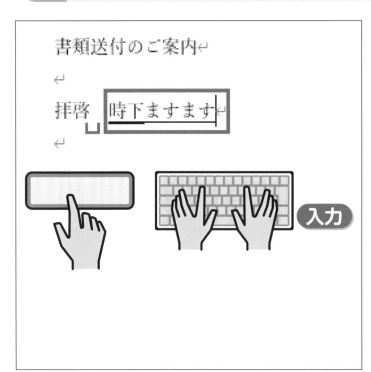

「拝啓」のうしろに

カーソル
I を移動して、

 左クリックします。

スペース
〔　　　　　〕 キーを
押して、
空白を入れます。

「時下ますます」と

 入力します。

2 続きを入力します

書類送付のご案内↵

拝啓　時下ますますご清栄のことと↵

「ご清栄のことと」と入力します。

入力

3 残りの本文を入力します

下の画面のように、残りの本文を入力します。

nao@example.com↵

書類送付のご案内↵

拝啓　時下ますますご清栄のこととお慶び申し上げます。平素は格別のご高配を賜り、厚く御礼申し上げます。↵
さて、下記の通り書類を送付いたしますので、是非ご検討くださいますようお願い申し上げます。↵

入力

✔ ポイント

「、」は　(ね)のキーを押して入力します。「。」は　(る)のキーを押して入力します。

05 » 「記」「以上」を入力しよう

本文を入力したら、別記事項を入力する準備をしましょう。
「記」「以上」は、自動的に補完されて入力できます。

操作 移動 ▶P.012　 左クリック ▶P.013　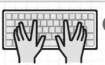 入力 ▶P.016

1 「記」と入力します

拝啓　時下ますますご清祥の段、お慶
礼申し上げます。↵
さて、下記の通り書類を送付いたしま
ます。↵
　↵

記↵

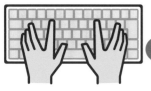 入力

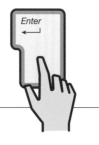

最後の ↵ に

 カーソル
Ｉ を移動して、

 左クリックします。

「記」と

入力し、

 エンター Enter キーを押して、

確定します。

2 「以上」が入力されます

もう一度 〔Enter エンター〕 キーを押します。

「記」が中央に配置され、右端に「以上」の文字が入ります。

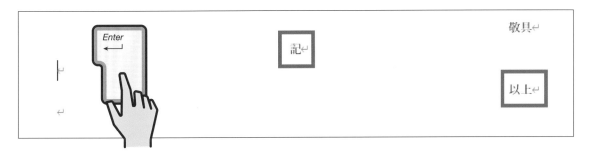

入力オートフォーマットのいろいろ

「拝啓」や「記」を入力すると、**自動的に結びの言葉が入力**されます。この機能を**入力オートフォーマット**といいます。
入力される言葉の組み合わせには、以下のものがあります。

入力する内容	自動的に入力される内容
拝啓　＋　〔Enter〕（エンター）キー	「敬具」が自動的に入力される
記　＋　〔Enter〕（エンター）キー	「以上」が自動的に入力される
1.文字　＋　〔Enter〕（エンター）キー	次の行の行頭に「2.」が入力される

06 » 別記事項の内容を入力しよう

別記事項の内容を入力しましょう。送付する書類の内容や数を入力します。
改行しながら、複数の項目を入力しましょう。

操作 　入力　▶P.016

1 項目を入力します

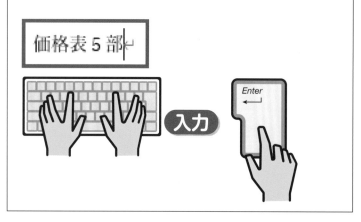

左の画面のように、
「価格表5部」と

入力します。

キーを押して

改行します。

2 入力する場所を確認します

さて、下記の通り書類を送付いたします
ます。↵
↵

価格表５部↵

↵

改行されました。

文字カーソル

│ が次の行の先頭に

移動します。

3 次の項目を入力します

さて、下記の通り書類を送付いたします
ます。↵
↵

価格表５部↵
新製品カタログ↵

入力

左の画面のように、
「新製品カタログ」と

入力します。

✓ポイント

カタカナの文字は、漢字を入力
するときと同じように、ひらがな
を入力してからカタカナに変換し
ます。

07 » 記号を入力しよう

記号を入力して、目立たせます。ここでは、「※」（こめ）と入力します。
記号は読みを入力し、変換することで入力できます。

操作 　　入 力 ▶P.016

1 空行を入れます

価格表5部↵

新製品カタログ↵

↵

Enter ×2

キーを2回押して、

空行を入れます。

2 「こめ」と入力して変換します

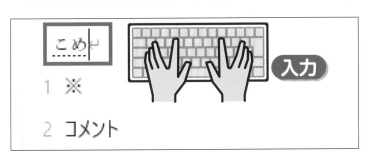

「こめ」と
入力します。

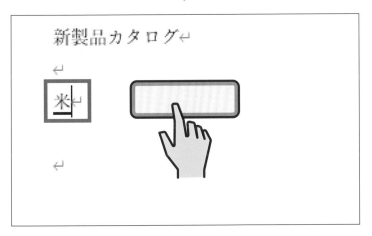

スペース
キーを
押します。

ここでは「※」と
入力したいのですが、
まちがって「米」と
変換されてしまいました。

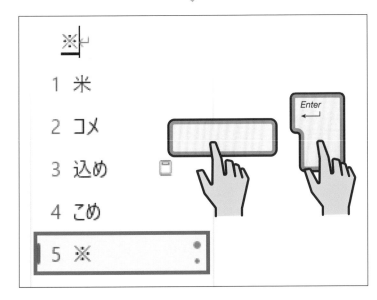

「※」と表示されるまで、

スペース
キーを
数回押します。

「※」が選ばれたら、

エンター
Enter
キーを押します。

次へ ▶

3 「※」が入力されました

価格表５部↵
新製品カタログ↵

↵

↵

↵

「※」の記号が
入力されました。

記号を入力するには、
右ページの方法を
使ってください！

4 続きの内容を入力します

↵

記↵

価格表５部↵
新製品カタログ↵

※ご不明点などがありましたらお気軽にお問い合わせくださいませ。

↵

入力

次のように、
補足事項を
入力します。

🖋️ 記号の入力について

記号は、「読み」を入力して変換します。

❶ 記号の読みを入力する

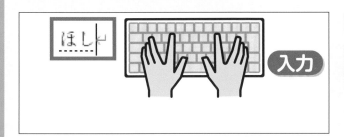

記号の読みを  入力します。

❷ 記号に変換する

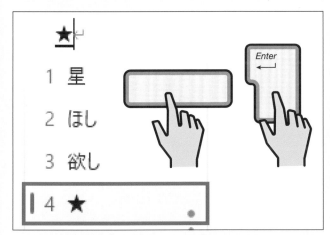

スペース キーを押して記号に変換し、

エンター キーを押して確定します。

次の表を参考に、よく使う記号の読み方を覚えておきましょう。

よみ	入力できる記号の例
まる	○　●　◎　①　②　③
ゆうびん	〒
かっこ	【】　（）　『』　「」　＜＞　≪≫　［］　{
やじるし	→　←　↑　↓　⇔

08 » 文字をコピーして貼り付けよう

入力済みの文字は、コピーして貼り付けることで、
同じ文字をなんども入力する必要がなくなります。

操作 移動 ▶P.012 左クリック ▶P.013 ドラッグ ▶P.015

1 文字をコピーします

コピーする文字の上を
ドラッグして、
選択します。

ホーム → コピー の順に
 左クリックします。

2 文字を貼り付けます

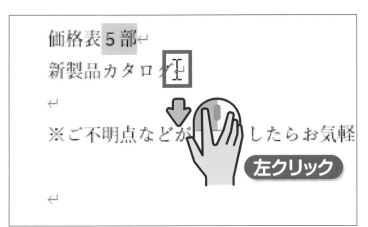

コピーした文字を
貼り付けたい場所で、

左クリックします。

貼り付け
に

カーソル
を移動して、

左クリックします。

コピーした文字が
貼り付けられました。

09 » 文字を別の場所に 移動しよう

入力済みの文字を、別の場所に移動する方法を知りましょう。
文字を切り取って貼り付けます。

操作  ▶P.012 左クリック ▶P.013 ドラッグ ▶P.015

1 文字を切り取ります

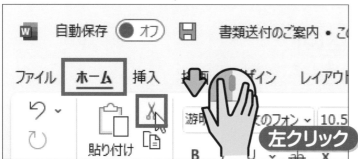

移動したい文字を、

ドラッグして、

選択します。
ここでは、← まで
選択します。

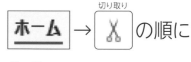

ホーム → ✂ の順に

左クリックします。

2 文字を貼り付けます

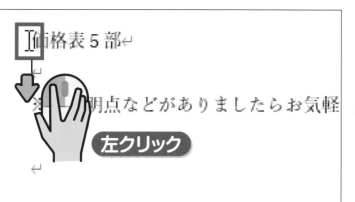

文字が切り取られました。
切り取った文字を
貼り付けたい場所で、

左クリックします。

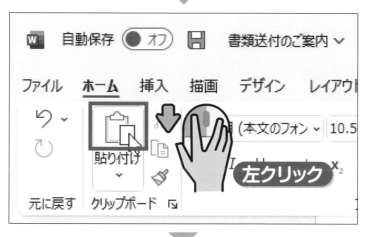

貼り付け に

カーソル を移動して、

左クリックします。

切り取った文字が
貼り付けられ、
文字が移動しました。

✓ ポイント

58ページの方法で、上書き保存
して、ワードを終了します。

練習問題

1 文字を入力する箇所に表示される文字カーソルの形は
どれですか?

2 文字を入力するときの ⬜⬜⬜（スペース）キーの2つの役割は
何ですか?

❶ 文字の変換と、空白文字を入れる

❷ 文字の決定と、空白文字を入れる

❸ 文字の移動と、空白文字を入れる

3 選択した文字をコピーするときに左クリックするボタンは
どれですか?

4 | 文字に飾りを つけよう

この章で学ぶこと

● 文字の形を変更できますか?

● 文字の大きさを変更できますか?

● 文字の色を変更できますか?

● 文字を太字にできますか?

● 文字に下線をつけられますか?

01 » この章でやることを知っておこう

この章では、文字に飾りをつける方法を紹介します。
飾りは、対象の文字を選択したあとに指定します。

📖 文字に飾りをつける

文字には、次の手順で飾りをつけることができます。

❶ 文字を選択する

定員は 50名です。 ↵

❷ 飾りを選択する

左クリック

❸ 文字に飾りがつく

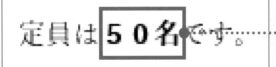

定員は **50名**です。 ·········· 文字に飾りがついた

📖 いろいろな文字の飾り

文字の飾りには、いろいろな種類があります。
複数の飾りを組み合わせて使うこともできます。

● 元の文字

定員は ５０名 です。

● 文字の形を変更した

定員は ５０名 です。

● 大きさを変更した

定員は ５０名 です。

● 色を変更した

定員は ５０名 です。

● 太字にした

定員は **５０名** です。

文字の形のことを「フォント」と
呼ぶので覚えておいてね！

02 » 文字の形を変えよう

> 文字の形（フォント）を変えると、文字の印象が変わります。
> 本文に適した文字やタイトルに適した文字など、形を使い分けましょう。

操作

1 文書を開きます

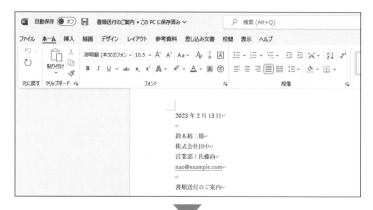

34ページの方法で、
「書類送付のご案内」の
文書を開きます。

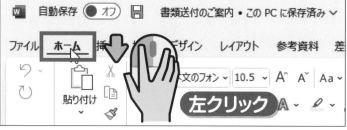

 ホーム を

 左クリックします。

2 文字を選択します

営業部：佐藤尚↵

nao@example.com↵

↵

書類送付のご案内↵

拝啓　時下ますますご清　　　　に　　　
御礼申し上げます。↵

さて、下記の通り書類を送付いたしますので
ます。↵

↵

ドラッグ

形を変えたい
文字の上を

ドラッグして、

選択します。

✓ **ポイント**

ここでは、「書類送付のご案内」
の文字を選択しています。

3 文字の形の一覧を表示します

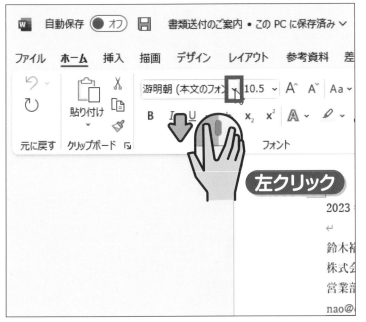

左クリック

フォント
游明朝 (本文のフォン の

右側の ⌄ を

左クリックします。

次へ ▶

4 文字の形を探します

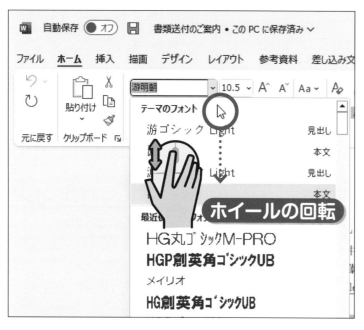

マウスのホイールを

回転して、

変更したい文字の形を
探します。

5 文字の形を選びます

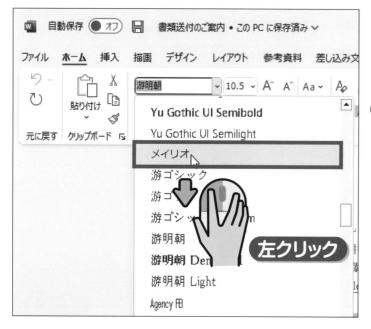

使いたい文字の形を

左クリックします。

ポイント

ここでは、「メイリオ」を選択して
います。

6 文字の選択を解除します

営業部：佐藤尚←

nao@example.com←

←

書類送付のご案内←

拝啓　　　ますご清栄のこととお慶び申

御礼申し上　ま

左クリック

さて、下記の通り書類を送付いたしますので

ます。←

選択した文字とは
別の場所に

カーソル
I を**移動**して、

**左クリック**します。

7 文字の形が変更されました

営業部：佐藤尚←

nao@example.com←

←

書類送付のご案内←

←

文字の形が変わった ご清栄のこととお慶び申

御礼申し上げます。←

さて、下記の通り書類を送付いたしますので

ます。←

文字の選択が
解除されました。

選択した文字の形が
変わったことが
確認できます。

03 » 文字の大きさを変えよう

文字の大きさは、自由に変えることができます。
案内文書のタイトルが目立つように、大きくしてみましょう。

操作 移動 ▶P.012 左クリック ▶P.013 ドラッグ ▶P.015

1 文字を選択します

大きさを変えたい
文字の左側を

 左クリックします。

文字の上を

 ドラッグして、

選択します。

2 文字の大きさを変更します

フォントサイズ
10.5 の

右側の ⌄ を

 左クリックします。

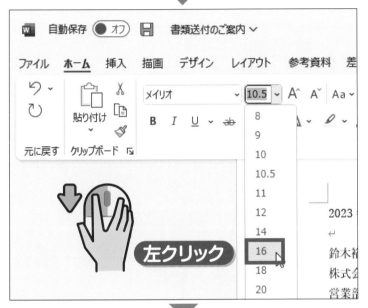

変更したい大きさに

カーソル
を移動して、

左クリックします。

ポイント

ここでは、通常のサイズ「10.5」から「16」に変更しています。

選択した文字の
大きさが変わりました。

書類送付のご案内↵

文字が大きくなった

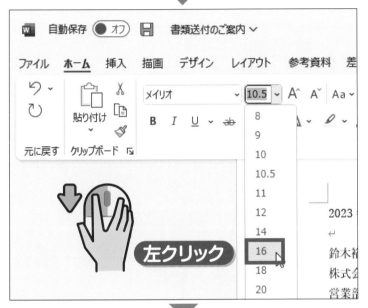

04 » 文字の色を変えよう

文字の色は、通常の黒から別の色に変えることができます。
案内文書のタイトルが目立つように色を変えてみましょう。

操作 左クリック ▶P.013 ドラッグ ▶P.015

1 文字を選択します

色を変えたい
文字の左側を

 左クリックします。

文字の上を

 ドラッグして、

選択します。

2 文字の色を変更します

 の右側の  を

 左クリックします。

色の一覧が
表示されます。

変更したい色を

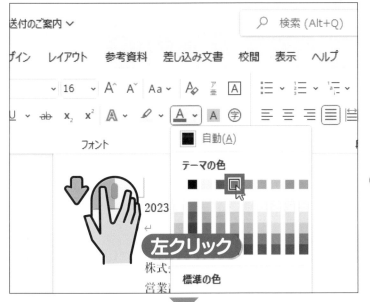 左クリックします。

ポイント

ここでは、「青、アクセント1」を
選択しています。

選択した文字の
色が変わりました。

書類送付のご案内

文字の色が変わった

05 » 文字を太字にしよう

文字には、さまざまな飾りをつけることができます。
文字を強調するため、ここでは文字を太字にします。

操作 移動 ▶P.012 左クリック ▶P.013 ドラッグ ▶P.015

1 文字を選択します

書類送付のご案内↵

左クリック

太字にする
文字の左側を

左クリックします。

書類送付のご案内↵

拝啓　時下ますますご清栄のこととお慶び申
御礼申し上げます。↵

ドラッグ

文字の上を

ドラッグして、

選択します。

2 文字を太字にします

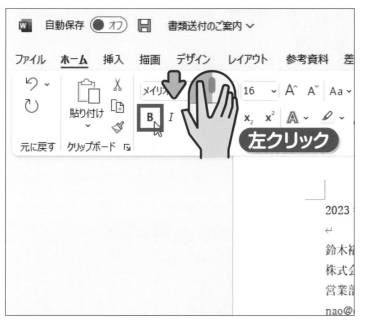

B に

カーソル

を移動して、

左クリックします。

3 文字が太字になりました

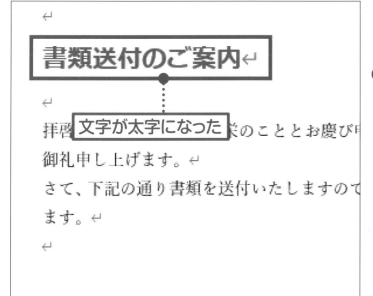

選択した文字が
太字になりました。

ポイント

太字にした文字を選択して B を
もう一度左クリックすると、太字
の設定が解除されます。

06 》文字に下線を つけよう

文字を強調するため、ここでは文字に下線をつけます。
下線をつける文字を選択して、飾りを選びます。

操作 移動 ▶P.012 左クリック ▶P.013 ドラッグ ▶P.015

1 文字を選択します

新製品カタログ5部↵
価格表5部↵
↵
※ご不明点などがありましたらお気軽にお問い合わせくださいませ。↵
↵

左クリック

下線をつける
文字の左側を

 左クリックします。

新製品カタログ5部↵
価格表5部↵
↵
※ご不明点などがありましたらお気軽にお問い合わせくださいませ。↵
↵

ドラッグ

文字の上を

 ドラッグして、

選択します。

2 文字に下線をつけます

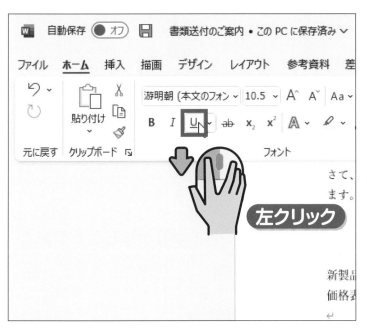

左クリック

下線

$\underline{U}$ に

カーソル

を移動して、

左クリックします。

ポイント

下線がついた文字を選択して $\underline{U}$ をもう一度左クリックすると、下線の設定が解除されます。

3 文字に下線がつきました

拝啓　時下ますますご清栄のこととお慶び申し上げます。平素は格別の
御礼申し上げます。
さて、下記の通り書類を送付いたしますので、是非ご検討くださいます
ます。↵
↵

　　　　　　　　　　　　　　　　　記↵

新製品カタログ５部↵
価格表５部↵

※ご不明点などがありましたらお気軽にお問い合わせくださいませ。

↵

文字に下線がついた

選択した文字に
下線がつきました。

ポイント

58ページの方法で、上書き保存して、ワードを終了します。

第4章

練習問題

---

1 文字に飾りをつけるときの最初の手順はどれですか?

❶ 文字をドラッグして選択する

❷ 飾りを選ぶ

❸ 文字を左クリックする

---

2 文字の色を変えたいときに、左クリックする場所はどこですか?

❶ | 游明朝 (本文のフォン ∨ | の ∨

❷ | 10.5 ∨ | の ∨

❸ | A ∨ | の ∨

---

3 文字に下線をつけるときに、
左クリックするボタンはどれですか?

❶ | U | **❷** | I | **❸** | B |

5 | レイアウトを整えて完成させよう

この章で学ぶこと

- 文章を行の中央に配置できますか？

- 行全体に下線を引けますか？

- 行頭位置を変更できますか？

- 箇条書きを作れますか？

- 文書を印刷できますか？

01 » この章でやることを知っておこう

この章では、文章の配置を変える方法を紹介します。
また、完成した文書を印刷します。

📖 文章の配置を整える

文書全体の配置を整えて、案内文書を完成させましょう。

日付や差出人を**右に揃え**、タイトルを**中央に揃え**ます。

また、別記事項には**箇条書き**のスタイルを設定します。

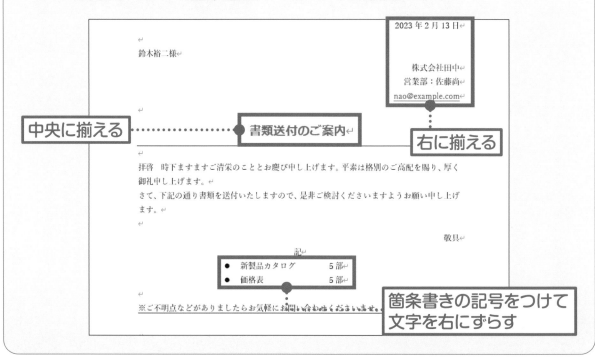

文章の配置を変更する手順

文章の配置は、次のような手順で行います。

❶ 配置を変えたい文章を左クリックする

❷ 文章の位置を選ぶ（右揃え、中央揃えなど）

❸ 文章の配置が変わる

文書を印刷する

完成した文書の印刷イメージを表示して印刷します。

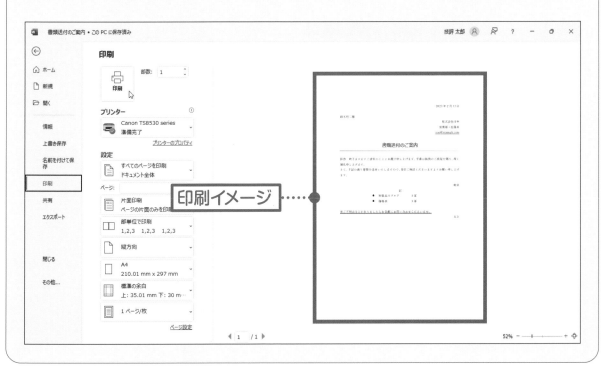

02 » 文字を中央／右揃えにしよう

今までに入力した文章の配置を整えましょう。
タイトルを中央に、日付や差出人を右側に揃えます。

操作　 左クリック
▶P.013

1 日付の段落を選択します

34ページの方法で、「書類送付のご案内」の文書を開きます。

2023 年 2月 13 日↵
↵
鈴木裕二様↵
株式会社田↵
営業部：佐藤↵　左クリック
nao@example.com↵
↵

書類送付のご案内↵

↵

配置を変えたい行を

 左クリックします。

✓ポイント

ここでは「日付」の行で左クリックしています。

2 日付を右に揃えます

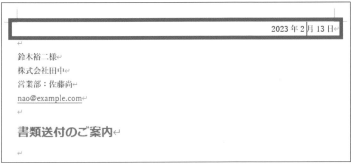

「日付」の行が、
右に揃えられました。

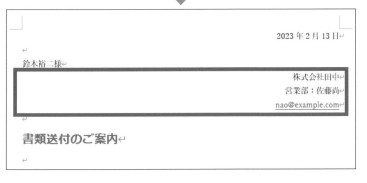

同様の方法で、
「会社名」「差出人」
「メールアドレス」の行を
右に揃えます。

③ タイトルを中央に揃えます

中央に揃えたい行を
左クリックします。

ポイント

ここでは、「書類送付のご案内」
の行で左クリックします。

中央揃え
三 を

左クリック

左クリックします。

「タイトル」の行が、
中央に揃いました。

文章の配置を元に戻したいときは？

文章の配置を
元に戻したいときは、
配置を戻したい行を

 左クリックします。

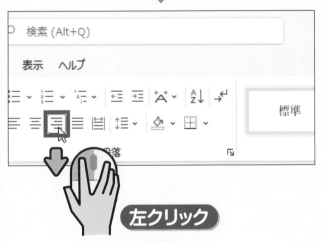

右揃え
を

 左クリックします。

ポイント

文書を右揃えにした場合は ☰
（右揃え）、中央揃えにした場合
は ☰（中央揃え）を左クリックし
ます。

文章が元の位置に
戻りました。

03 ≫ 行全体に 下線を引こう

タイトルに下線を引いて、目立たせましょう。
まず、下線を引く場所をドラッグして選択します。

操作

 左クリック ▶P.013

 ドラッグ ▶P.015

1 タイトルの行を選択します

2023 年 2 月 13 日

鈴木裕二様

株式会社田中
営業部：佐藤尚
nao@example.com

書類送付のご案内

拝啓　時下ますますご清栄のこととお慶び申し上げます。平素は格別のご高配を賜り、厚く
御礼申し上げます。

さて、下記の通り書類を送付いた〜〜〜〜〜 くださいますようお願い申し上げ
ます。

敬具

新製品カタログ５部
価格表５部

※ご不明点などがありましたらお気軽にお問い合わせくださいませ。

以上

下線を引きたい
行全体を

ドラッグして、

選択します。

✔ ポイント

行を選択するときは、最後の文字の右側にある↵まで選択するようにします。

2 行全体に下線を引きます

の右側のを

左クリックします。

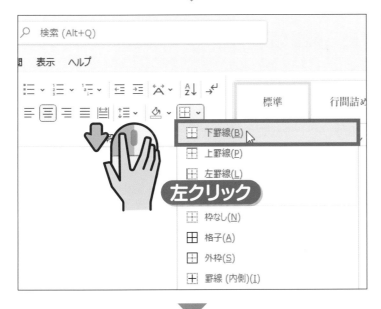

罫線の種類が一覧で
表示されます。

を

左クリックします。

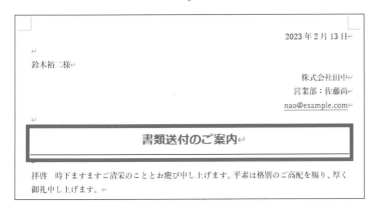

選択した行に
下線が引かれました。

04 » 行頭の位置を変えよう

箇条書きの行頭の位置を、読みやすいようにまとめて変更してみましょう。
行頭の位置をずらすことを、インデントといいます。

操作
 移動 ▶P.012　 左クリック ▶P.013　 ドラッグ ▶P.015

1 行を選択します

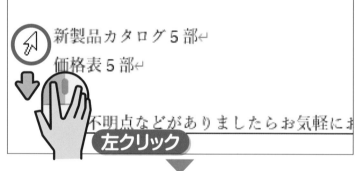

箇条書きにしたい行
（ここでは「新製品
カタログ」）の左側を
 左クリックします。

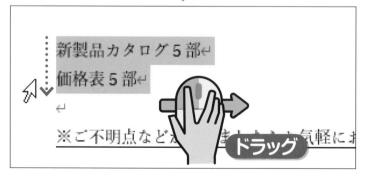

そのまま下方向に
ドラッグします。

複数の行が選択されます。

2 行頭の位置を字下げします

に

を移動して、

左クリックします。

選択した行が、
1文字分右に
ずれました。

行頭を1文字分左に戻すには、
（インデントを減らす）を左ク
リックします。

インデントを増やす

をさらに10回

左クリックします。

選択した行が、
合計11文字分
右にずれました。

×10

109

05 » 文字の位置を揃えよう

タブの機能を使うと、表を作らなくても文字の位置を揃えられます。
ここでは、Tab キーを押して、タブの機能を利用します。

操作  左クリック ▶P.013  入力 ▶P.016

1 揃えたい文字の左側を選択します

位置を揃えたい
文字の左側を

左クリックします。

文字の左側に、

文字カーソル

| が表示されます。

タブ
Tab キーを押します。

選択した文字が、
右にずれました。

✓ **ポイント**

Tab キーを押すと、文字が右に
ずれます。

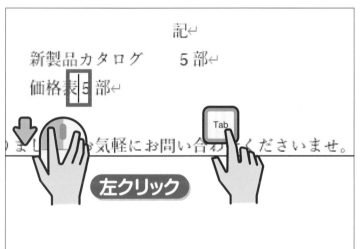

揃えたい文字の左側を

 **左クリック**します。

上の文字と
同じ位置になるまで、

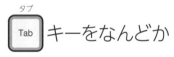 キーをなんどか

押します。

文字の位置が
揃いました。

06 » 箇条書きを作ろう

別記事項を入力した箇所に、箇条書きを作成します。
行頭に記号がついて、項目の区別がはっきりします。

操作

 移動 ▶P.012　 左クリック ▶P.013　 ドラッグ ▶P.015

1 行を選択します

箇条書きにしたい行
（ここでは「新製品
カタログ」）の左側を

左クリックします。

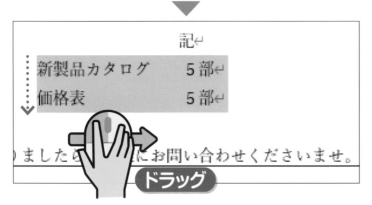

そのまま下方向に

ドラッグします。

複数の行が選択されます。

2 箇条書きを設定します

箇条書き

に

カーソル

を移動して、

左クリックします。

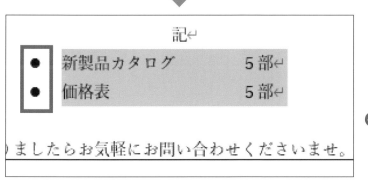

箇条書きが設定され、
行頭に記号が
つきました。

✓ ポイント

58ページの方法で、上書き保存
しておきます。

コラム ✎ 箇条書きに番号をつけるには

箇条書きの行頭に記号ではなく番号をつけたい場合には、

行を選択した状態で、

段落番号

を

左クリックします。

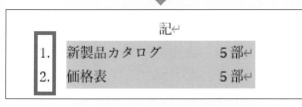

07 » 作成した文書を印刷しよう

作成した案内文書を印刷します。
印刷前には、印刷イメージを表示して確認します。

 移動 ▶P.012　 左クリック ▶P.013　 入力 ▶P.016

1 プリンターを準備します

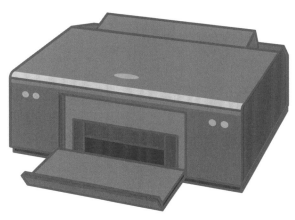

プリンターの
電源を入れ、
パソコンにプリンターが
つながれていること、
用紙がセットされている
ことを確認します。

ワードの文書は「A4用紙」で印刷
されるように設定されています！
「A4用紙」を用意してください！

2 印刷イメージを表示します

 を

左クリックします。

 を

左クリックします。

3 印刷イメージが表示されました

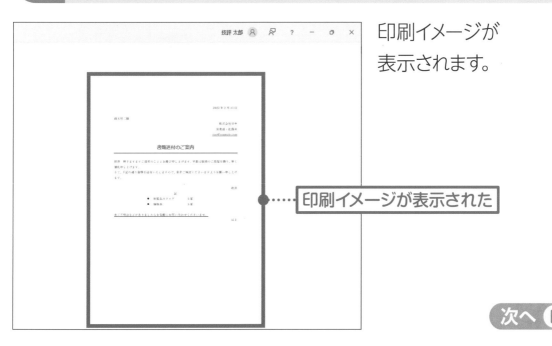

印刷イメージが
表示されます。

…… 印刷イメージが表示された

次へ ▶

4 プリンター名を確認します

プリンター に、
手順❶で準備した
プリンターの名前が
表示されていることを
確認します。

✔ **ポイント**

違うプリンターの名前が表示され
ている場合は、右側の ⌄ を左ク
リックして目的のプリンターを選
択します。

5 印刷部数を入力します

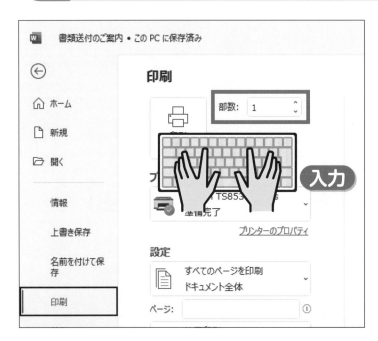

 に

印刷部数を

入力します。

6 印刷します

に

を移動して、

左クリックします。

7 印刷されました

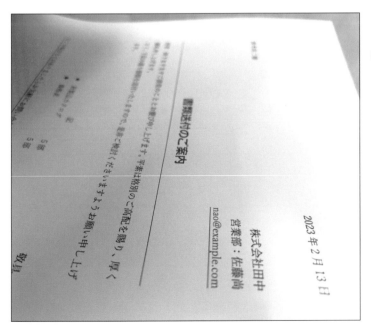

印刷が行われます。

✓ **ポイント**

> 印刷が終わったら、32ページの
> 方法でワードを終了します。

117

練習問題

1 タイトルなどの文章を中央に揃えるときに、
使うボタンはどれですか?

❶ 　　❷ 　　❸

2 行頭の位置を右にずらすときに、使うボタンはどれですか?

❶ 　　❷ 　　❸

3 箇条書きの記号をつけるときに、使うボタンはどれですか?

❶ 　　❷ 　　❸

6 | 説明会のチラシを作ろう

この章で学ぶこと

● 文字に目立つ効果をつけられますか?

● 図形を描けますか?

● 図形の中に文字を入力できますか?

● 図形を移動できますか?

● 文書にイラストを入れられますか?

01 » この章でやることを知っておこう

この章では、案内チラシを作成します。
タイトルを飾ったり、図形やイラストを入れたりする方法を紹介します。

📖 文字をデザインする

文字に**目立つ効果**を適用してデザインします。
文字の効果には、たくさんの種類が用意されています。

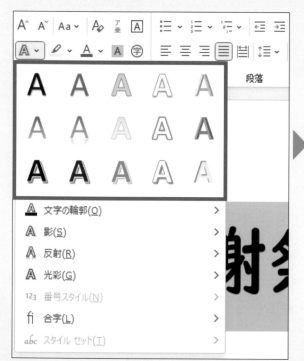

図形を描く

図形を描く方法を知りましょう。

ドラッグ操作で図形を描いて、色などのスタイルを選択します。

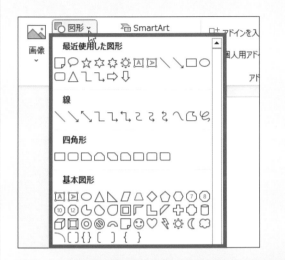 

イラストを入れる

文書に**イラスト**を入れてみましょう。

追加するイラストの種類を選びます。

02 » 新しい文書を作ろう

ここからは、新しい文書を作ります。
まずは、白紙の用紙を準備し、文章を入力して保存します。

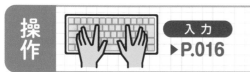

入力
▶P.016

1 文字を入力します

20ページの方法でワードを起動して、

下の画面のように文字を 入力します。

文章の最後には、空行を入れておきます。

2 文字に飾りをつけます

下の画面のように、86ページの方法でタイトルの**文字の形**を
「UDデジタル教科書体 NK-B」に設定します。
90ページの方法で、タイトルの**文字の大きさ**を「36」に変更します。
102ページの方法で、**文字の配置**を中央に揃えます。

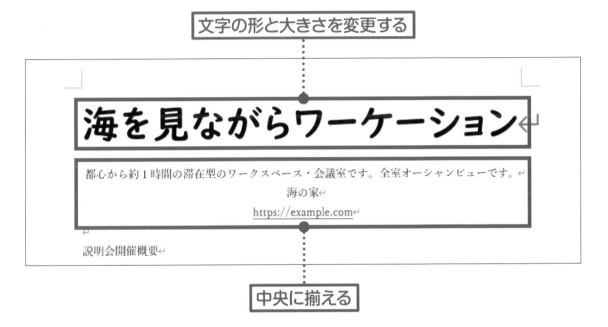

文字の形と大きさを変更する

海を見ながらワーケーション

都心から約1時間の滞在型のワークスペース・会議室です。全室オーシャンビューです。
海の家
https://example.com

説明会開催概要

中央に揃える

3 文書を保存します

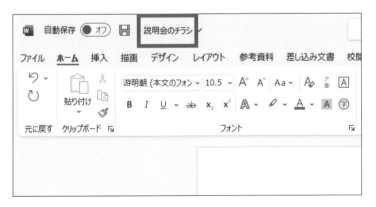

28ページの方法で
文書を保存します。

ファイルの名前は、
「説明会のチラシ」に
します。

03 » 文字に効果をつけよう

文字に効果を適用して、デザインされたタイトルを作ります。
タイトルの文字を選択してから、効果の種類を選びます。

操作

 移動 ▶P.012

 左クリック ▶P.013

 ドラッグ ▶P.015

1 文字を選択します

左クリック

効果をつけたい
行の左側を

 左クリックします。

ドラッグ

文字の上を

 ドラッグして、

行を選択します。

124

2 文字に効果をつけます

文字の効果と体裁

 の右側の ▾ を

左クリックします。

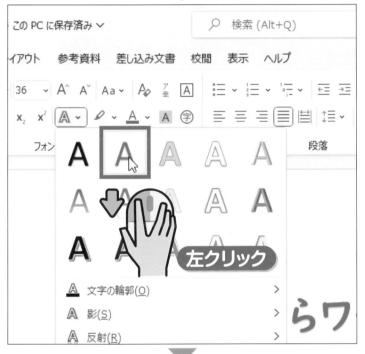

効果の種類を選びます。

ここでは、

 A に カーソル を移動して、

 左クリックします。

文字に効果が
つきました。

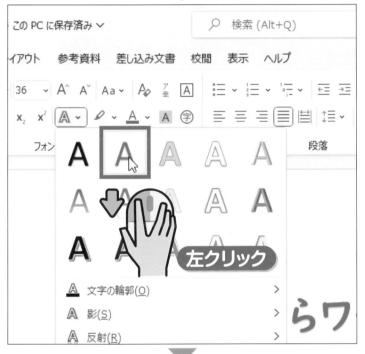

海を見ながらワーケーション

都心から約1時間の滞在型のワークスペース・会議室です。全室オーシャンビューです。

海の家

https://example.com

説明会開催概要

04 » 文字の入った図形を作ろう

チラシに図形を入れてみましょう。
図形の中には、チラシで伝えたい内容を入力します。

操作   左クリック ▶P.013  入 力 ▶P.016   ドラッグ ▶P.015

1 図形を描く準備をします

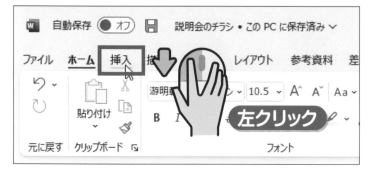

 挿入 を

 左クリックします。

 🔲 図形 ∨ を

 左クリックします。

2 図形を選びます

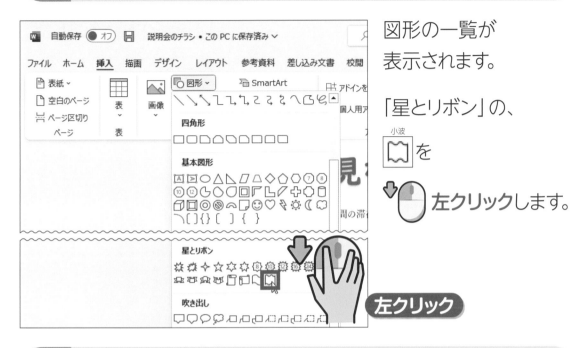

図形の一覧が
表示されます。

「星とリボン」の、

小波

 を

左クリックします。

左クリック

3 図形を描きます

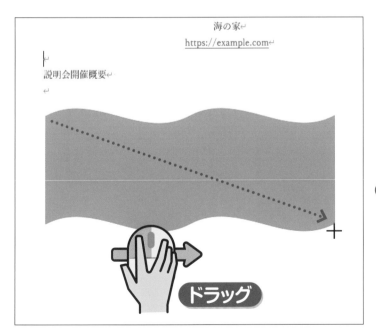

図形を配置する場所に

カーソル

╋ を**移動**して、

右下方向に

ドラッグします。

✓ ポイント

ここでは、「説明会開催概要」の
下でドラッグしています。

 次へ ▶

4 図形を選択します

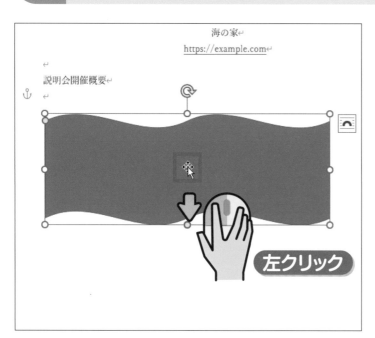

図形が作成されました。

図形の内側を

 左クリックします。

5 文字を入力します

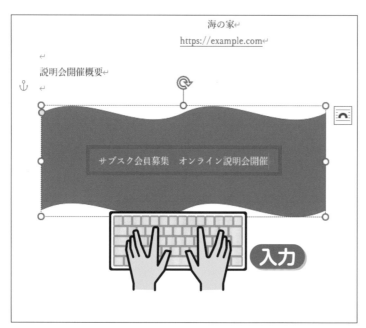

左の画面のように、
文字を

 入力します。

文字と図形の大きさを変更します

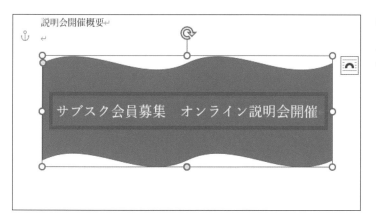

90ページの方法で、
文字の大きさを
「16」に変更します。

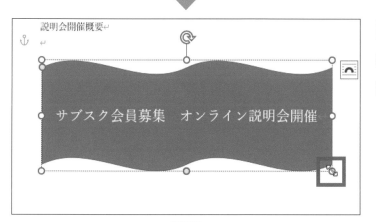

図形の右下の
◯（ハンドル）に
カーソル
を**移動**します。

カーソル
の形が

になったら、
上方向へ

ドラッグします。

図形の大きさが
小さくなります。

129

05 » 図形を移動しよう

図形は、いつでも自由に動かすことができます。
ここでは、図形を文章の下に移動しましょう。

操作　移 動 ▶P.012　左クリック ▶P.013　ドラッグ ▶P.015

1 図形を移動する準備をします

図形を

左クリックします。

レイアウトオプション
→

上下
の順に

左クリックします。

2 図形を移動します

図形の外枠部分に

カーソル

を移動します。

カーソル

の形が

になったら、

図形を移動したい方向へ

ドラッグします。

ポイント

図形の内側や四隅に ▷（カーソル）を移動してしまうと、正しく移動できないので注意してください。

3 図形が移動しました

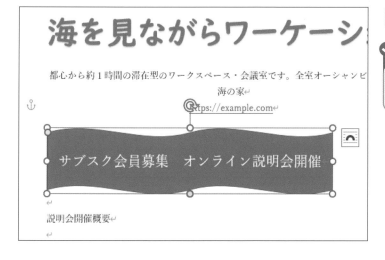

図形が移動しました。

ポイント

ここでは図形を「説明会開催概要」の上に移動しています。

06 » 図形のスタイルを変えよう

図形には、色や枠線の太さなどの飾りを組み合わせたスタイルがあります。
スタイルを選んで、図形の色を変えてみましょう。

 操作  移動 ▶P.012 左クリック ▶P.013

1 スタイルを変更する準備をします

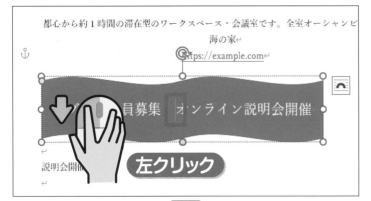

図形の内側を

 左クリックします。

図形が選択されます。

図形の書式 を

 左クリックします。

2 スタイルを変更します

「図形のスタイル」の

その他 を

左クリックします。

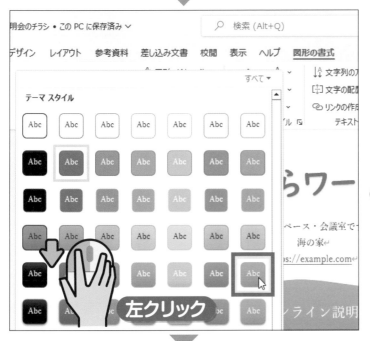

表示された一覧から、
気に入ったスタイルに

カーソル を移動して、

左クリックします。

✔ ポイント
スタイルとは、図形内の色やその
濃さなどを組み合わせたデザイ
ンのことです。

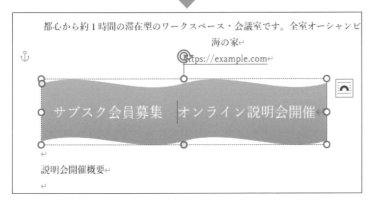

図形のスタイルが
変わりました。

07 » イラストを入れよう

ワードでは、ストック画像という、イラストや写真などの素材集を利用できます。
ここでは、ストック画像からパソコンのイラストを探して文書に追加します。

操作 左クリック ▶P.013　 回転 ▶P.010　 入力 ▶P.016

1 追加する場所を指定します

左の画面を参考に、
イラストを
追加する場所を
 左クリックします。

挿入 を
 左クリックします。

2 イラストを選ぶ準備をします

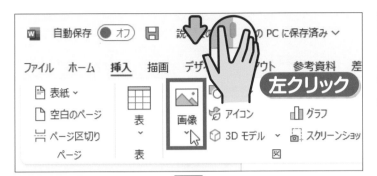

 を

 左クリックします。

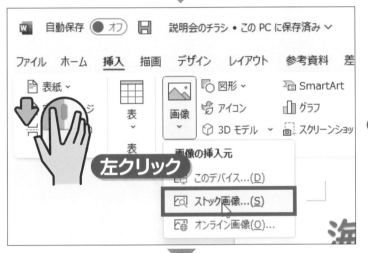

 を

左クリックします。

■ ポイント
ストック画像の機能は、ワード
2021で利用できます。それより
も前のバージョンでは利用でき
ません。

イラスト を

 左クリックします。

■ ポイント
ストック画像の機能を利用するに
は、インターネットに接続してお
く必要があります。

3 キーワードを入力します

「学校」と

入力して、

キーを押します。

4 イラストを選びます

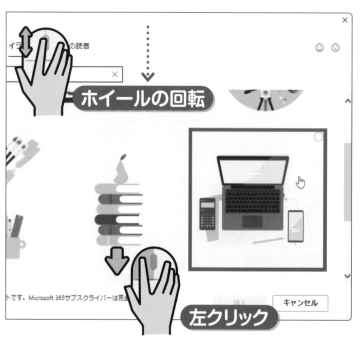

マウスのホイールを

回転します。

追加するイラストを

左クリックします。

5 イラストを追加します

イラストの右上の
◯ が ✅ になったことを
確認します。

挿入 (1) を

左クリックします。

6 イラストが追加されました

イラストが
追加されます。

08 ≫ イラストの大きさを変えよう

> イラストの大きさは、あとから変更することができます。
> ここでは、イラストを小さくしてみましょう。

操作 移動 ▶P.012 左クリック ▶P.013 ドラッグ ▶P.015

1 イラストを選択します

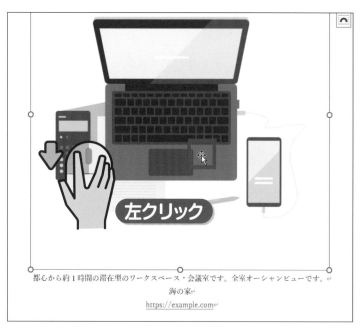

都心から約1時間の滞在型のワークスペース・会議室です。全室オーシャンビューです。
海の家
https://example.com

イラストを

 左クリックします。

イラストの周囲に、

◯ が表示されます。

2 イラストの大きさを変更します

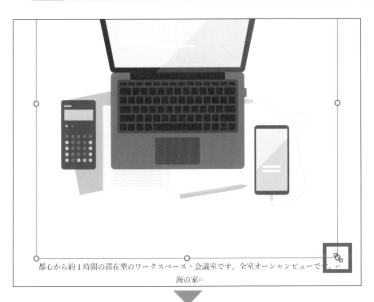

イラストの右下の
⬡（ハンドル）に、
カーソル
▢を**移動**します。

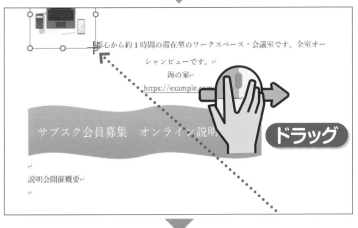

カーソル
▨ の形が

▨ になったら、

左上方向へ

ドラッグします。

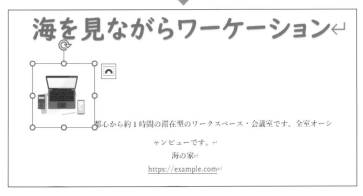

イラストが
小さくなりました。

✔ ポイント

右下方向にドラッグすると、イラストを大きくすることができます。

09 » イラストを移動しよう

イラストの位置を、図形の横に移動しましょう。
設定を変更し、移動先までドラッグします。

操作 左クリック ▶P.013 ドラッグ ▶P.015

1 イラストを移動する準備をします

イラストを

左クリックします。

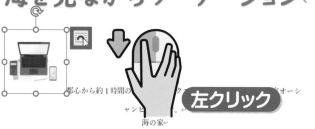

レイアウトオプション

を

左クリックします。

2 イラストを移動します

 四角形

を

左クリックします。

✓ **ポイント**

この操作で、イラストを自由に
移動できるようになります。

イラストの内側に、

カーソル

を移動します。

になったら、

移動したい方向へ

イラストを

ドラッグします。

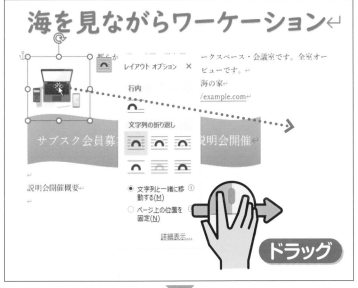

イラストが移動しました。

✓ **ポイント**

58ページの方法で、上書き保存
して、ワードを終了します。

練習問題

1 文字のデザインを変更するときに、
左クリックするボタンはどれですか?

❶ 　　❷ 　　❸

2 図形を移動するときに、🅺（カーソル）はどの形になりますか?

❶ 　　❷ 　　❸

3 イラストの大きさを変更するときに、どこをドラッグしますか?

❶ 　　❷ 　　❸

7 | チラシに写真を入れて飾ろう

この章で学ぶこと

- ● 文書に写真を入れられますか?

- ● 写真の大きさを変更できますか?

- ● 写真を移動できますか?

- ● 写真の周囲に飾り枠をつけられますか?

01 » この章でやることを知っておこう

この章では、案内チラシに写真を追加します。
写真を追加したあとは、配置や大きさなどを調整しましょう。

📖 写真を追加する

文書に写真を追加します。

ここでは、あらかじめパソコンに保存してある写真を追加します。

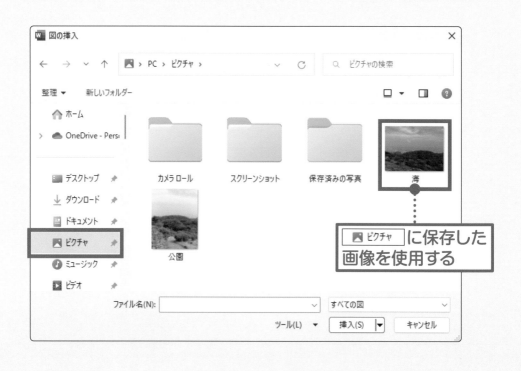

ピクチャ に保存した画像を使用する

写真の大きさや位置を調整する

文書に追加した**写真の大きさ**を変更します。
また、**写真の位置**を調整します。

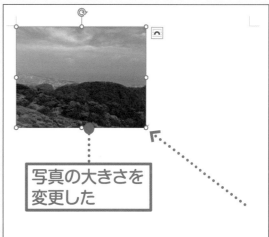

写真の大きさを
変更した

 ## 写真に飾り枠をつける

写真に**飾り枠**をつけて、外観を整えます。

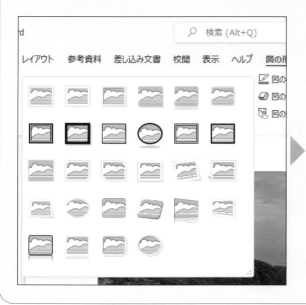

飾り枠をつける

02 » 写真を追加しよう

デジカメやスマートフォンで撮影した写真を、文書に追加しましょう。
あらかじめパソコンに写真を取り込んでおきます。

操作   移動 ▶P.012 左クリック ▶P.013

1 写真を追加する準備をします

34ページの方法で、「説明会のチラシ」の文書を開きます。

左クリック

写真を追加する場所
（ここでは図形の下）を
 左クリックします。

左クリック

挿入 を
 左クリックします。

2 写真を選ぶ画面を表示します　その1

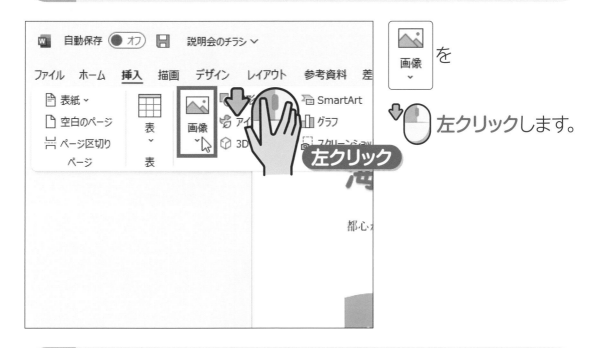

画像 を

左クリックします。

左クリック

3 写真を選ぶ画面を表示します　その2

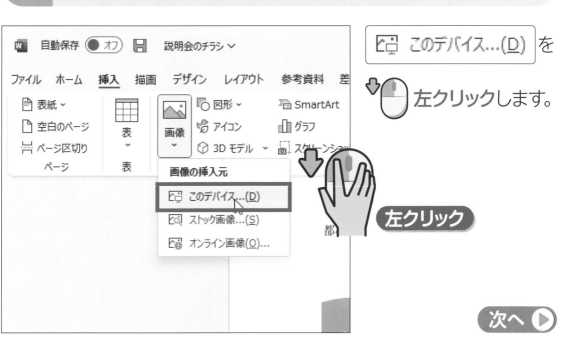

このデバイス...(D) を

左クリックします。

左クリック

次へ ▶

4 写真が保存されている場所を選びます

写真が保存されている
場所を

 左クリックします。

✓ ポイント

ここでは、 🖼 ピクチャ に保存した
写真を利用します。

5 写真を選びます

追加する写真を

 左クリックします。

148

6 写真を追加します

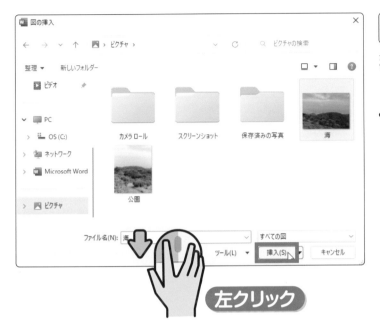

挿入(S) に

カーソル
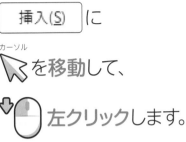
を移動して、
左クリックします。

左クリック

7 写真が追加されました

文書に写真が
追加されました。

03 » 写真の大きさを変えよう

追加した写真の大きさを変える方法を覚えましょう。
ここでは、写真を小さくします。

操作　 移動 ▶P.012　 左クリック ▶P.013　 ドラッグ ▶P.015

1 写真を選択します

説明会開催概要

写真の上に

^{カーソル}
を移動して、

 左クリックします。

写真が選択されます。

✔ **ポイント**

写真を選択すると、写真の周囲に◯がつきます。

② 写真を小さくします

写真の右下の
◯（ハンドル）に
<ruby>カーソル</ruby>
🔲を**移動**します。

<ruby>カーソル</ruby>
🔲の形が

⬉になったら、

左上方向に

🖱️➡**ドラッグ**します。

写真が
小さくなりました。

✅ **ポイント**

右下方向にドラッグすると、写真
を大きくすることができます。

04 » 写真を移動しよう

写真を移動しましょう。
ここでは、写真の位置を一覧から選択します。

 操作  移動 ▶P.012  左クリック ▶P.013

1 写真を移動する準備をします

写真に

カーソル
 を移動して、

左クリックします。

図の形式 を

左クリックします。

2 写真を移動します

 を

 左クリックします。

 を

 左クリックします。

写真が文書の下中央に
移動しました。

05 » 写真に飾り枠を つけよう

写真の周りには、飾り枠をつけることができます。
ここでは、写真の周囲をぼかすスタイルを選びます。

操作 移動 ▶P.012 左クリック ▶P.013

1 写真を選択します

写真に

カーソル

を移動して、

左クリックします。

写真が選択されます。

図の形式 を

左クリックします。

2 飾り枠をつけます

「図のスタイル」の

その他
を

左クリックします。

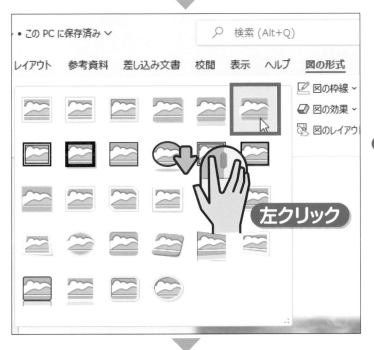

写真につけたい

飾り枠を

左クリックします。

✓ **ポイント**

ここでは、「四角形、ぼかし」を
選択しています。

写真に飾り枠が

つきました。

✓ **ポイント**

58ページの方法で、上書き保存
して、ワードを終了します。

06 » 写真を削除しよう

追加した写真が不要になった場合は、いつでも削除できます。
ここでは、この章で追加した写真を削除します。

操作   移動 ▶P.012 左クリック ▶P.013

1 写真を選択します

左クリック

写真の上に

カーソル

を移動して、

 左クリックします。

ここでは写真を削除する方法を
解説するけど、ここから先は写
真を残した文書で解説を進めま
す。削除した場合は、右ページ
のポイントを読んでください！

2 写真を削除します

写真が選択されます。

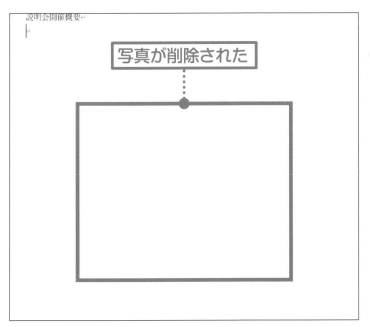

Delete キーを押します。

3 写真が削除されました

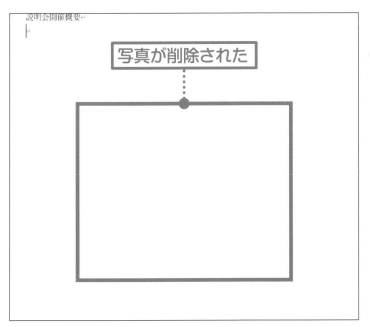

説明会開催概要

写真が削除された

写真が削除されます。

✔ ポイント

このあとの操作では、写真が追加された状態で内容を紹介しています。写真を削除する前の状態に戻す方法は、188ページを参照してください。

練習問題

1 パソコンに保存した写真を文書に入れるときに、
「画像」を左クリックしたあとに、左クリックする場所はどこですか?

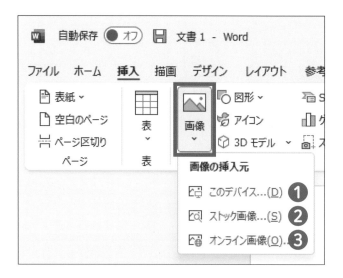

2 写真の大きさを変更するときに、ドラッグする場所はどこですか?

3 写真を選択して、写真に飾り枠をつけるときは、
どのタブを左クリックしますか?

❶ ファイル **❷** ホーム **❸** 図の形式

8 ｜ 表を作成しよう

この章で学ぶこと

● 表を作成できますか?

● 表の列の幅を変更できますか?

● 表に列や行を追加できますか?

● 表のデザインを変更できますか?

● 文書のヘッダーに日付を表示できますか?

01 » この章でやることを知っておこう

この章では、文章に表を入れる方法を紹介します。
表を追加したあとは、表に文字を入力したり、表に色をつけたりします。

表を作成する

表を追加するときは、作成する表の**行や列の数**を指定します。
作成した表を作成できたら、文字を入力していきます。

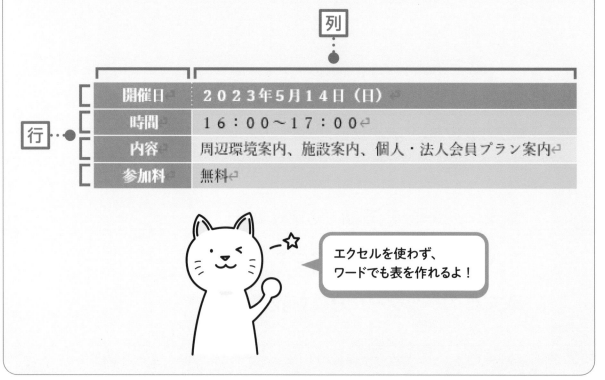

列	
開催日	2023年5月14日（日）
時間	16：00〜17：00
内容	周辺環境案内、施設案内、個人・法人会員プラン案内
参加料	無料

エクセルを使わず、
ワードでも表を作れるよ！

行や列を追加する

作成した表には、あとから**行や列を追加**することができます。

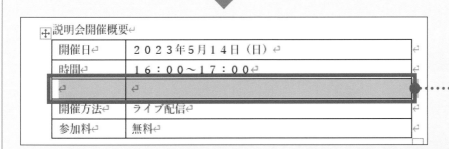

説明会開催概要	
開催日	2023年5月14日（日）
時間	16:00～17:00
開催方法	ライブ配信
参加料	無料

▼

説明会開催概要	
開催日	2023年5月14日（日）
時間	16:00～17:00
開催方法	ライブ配信
参加料	無料

・・・・・・ 行を追加した

 # 表のデザインを変える

表のデザインを変えて、表の見栄えを整えます。

スタイルを選ぶだけで、かんたんにデザインを変えることができます。

説明会開催概要	
開催日	2023年5月14日（日）
時間	16:00～17:00
内容	周辺環境案内、施設案内、個人・法人会員プラン案内
参加料	無料

▼

説明会開催概要	
開催日	2023年5月14日（日）
時間	16:00～17:00
内容	周辺環境案内、施設案内、個人・法人会員プラン案内
参加料	無料

02 » 表を作ろう

文書の途中に、表を追加しましょう。
ワードで表を作るには、最初に何行／何列の表を作るのかを指定します。

操作　移動 ▶P.012　左クリック ▶P.013

1 表を追加する場所を指定します

34ページの方法で、「説明会のチラシ」の文書を開きます。

左クリック

表を追加する位置に

カーソル
を**移動**して、

左クリックします。

ポイント

ここでは、「説明会開催概要」の
下の行を左クリックします。空行
がない場合は「説明会開催概要」
の最後で改行します。

2 表を追加します

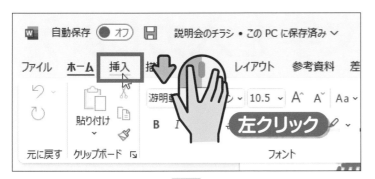

 を

左クリックします。

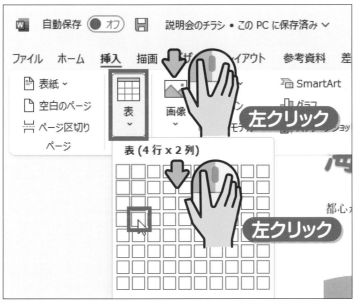

 を

左クリックします。

上から4行目、
左から2列目のます目を

左クリックします。

4行2列の表が
作成されました。

03 » 表に文字を入力しよう

表の中に文字を入力しましょう。
表のます目を左クリックしてから、内容を入力します。

操作 移動 ▶P.012 左クリック ▶P.013 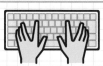 入力 ▶P.016

1 文字を入力する場所を指定します

1行目の左端のます目に

カーソル
I を移動して、

 左クリックします。

ます目の中に

文字カーソル
| が表示されます。

2 ます目に文字を入力します

「開催日」と入力します。

入力

3 他の文字を入力します

同様の方法で、他のます目に以下の画面の文字を入力します。

説明会開催概要	
開催日	2023年5月14日（日）
時間	16：00〜17：00
開催方法	ライブ配信
参加料	無料

「（」は Shift キーを押しながら ゆ（ゆ）のキーを、「）」は Shift キーを押しながら よ（よ）のキーを押して入力します。

「〜」は「から」と入力して スペース キーを押して、記号の「〜」に変換します。

04 » 表の列幅を変えよう

ワードに表を追加した直後は、列の幅や行の高さはすべて同じになっています。文字の長さに合わせて、列の幅を調整しましょう。

操作  移動 ▶P.012　 ドラッグ ▶P.015

1 左の列の幅を変えます

説明会開催概要↵		
開催日↵		２０２
時間↵		↔ １６：
開催方法↵		ライブ
参加料↵		無料↵

１列目と２列目の境界線に、

カーソル
を**移動**します。

▼

説明会開催概要↵		
開催日↵	２０２３年５月１４日（日）↵	
時間↵	１６：００〜１７：００↵…	
開催方法↵	ライブ配信↵	
参加料↵	無料↵	

カーソル
の形が

＋ になったら、

左方向に

 ドラッグします。

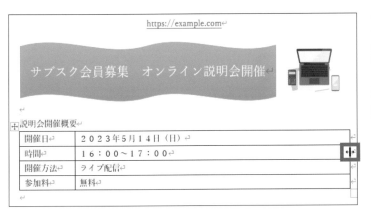

左の列の幅が
変更されました。

表の右端の境界線に、

カーソル

を**移動**します。

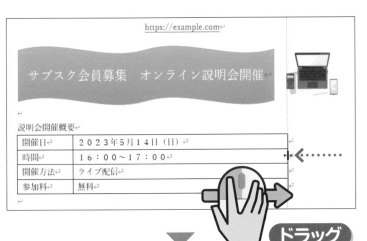

カーソル

の形が

➕になったら、

左方向に少しだけ

ドラッグします。

ドラッグ

右の列の列幅が
変更されました。

✓ ポイント

行の高さを変える場合は、行の
境界線を上下にドラッグします。

05 » 表に列や行を追加しよう

表の列や行が足りなくなった場合は、あとから追加できます。
ここでは、2行目と3行目の間に1行追加します。

操作

 移動 ▶P.012　 左クリック ▶P.013　 入 力 ▶P.016

1 行を追加します

左クリック

行が追加された

2行目と3行目の間の左端に、

🖰 カーソル を**移動**します。

表示される ＋ を

🖱️ **左クリック**します。

行が追加されました。

✔ **ポイント**

ミニツールバーが表示されたら、`Esc`キーを押します。

168

2 文字を入力します

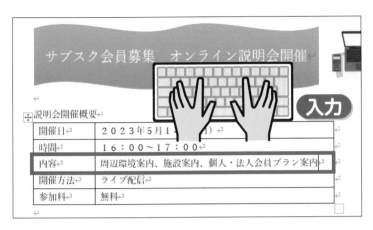

追加した行に、
左の画面のように
文字を
入力します。

✏️ 列を追加するには

表に列を追加するには、
列を追加したい
境界線の上端に

カーソル

を移動します。

```
列が追加された
```

表示される ⊕ を

左クリックすると、

列が追加されます。

06 » 表の列や行を削除しよう

行や列は、あとから削除することができます。
ここでは、表の4行目を削除します。

操作

 移動 ▶P.012  左クリック ▶P.013

1 削除する行を指定します

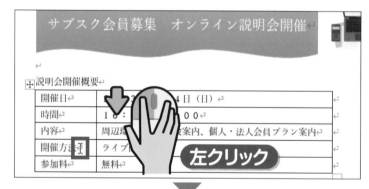

削除したい行を

左クリックします。

✔ ポイント

ここでは4行目を左クリックします。

右側の レイアウト を

左クリックします。

2 行を削除します

に

カーソル

を移動して、

左クリックします。

行の削除(R) を

左クリックします。

✓ **ポイント**

列を削除する場合は、ここで
 列の削除(C) を左クリックします。

選択した4行目が
削除されました。

171

07 » 表のデザインを変えよう

表全体のデザインを変更しましょう。
ワードには、スタイルと呼ばれるさまざまなデザインが用意されています。

操作　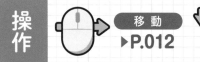 移動 ▶P.012　 左クリック ▶P.013

1 スタイルを適用する準備をします

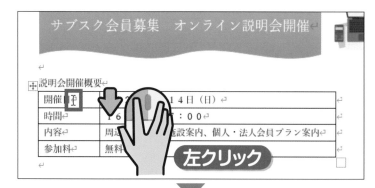

表の内側に

カーソル

I を**移動**して、

左クリックします。

テーブル デザイン を

左クリックします。

2 デザインを変更します

「表のスタイル」の

を

左クリックします。

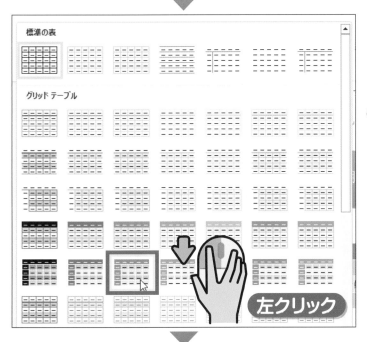

使いたいスタイルを

左クリックします。

✓ ポイント

表のスタイルとは、表の背景や線、文字の色などを組み合わせたデザインのことです。

表のデザインが
変更されました。

08 » 見出しを中央に配置しよう

表の左の列の見出しの文字を中央に揃えます。
列を選択して、配置を選択します。

操作 移動 ▶P.012 左クリック ▶P.013

1 配置を変更する準備をします

表の左の列の上端に、
<ruby>カーソル<rt></rt></ruby>
🖱を移動して、

<ruby>カーソル<rt></rt></ruby>
🖱が ↓ になったら、

🖱左クリックします。

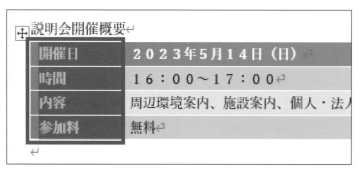

左の列全体が
選択されます。

2 配置を変更します

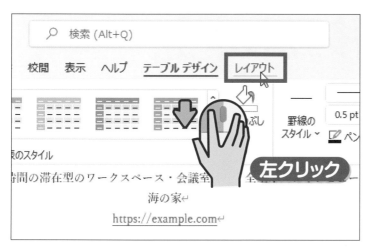

右側の  を

左クリックします。

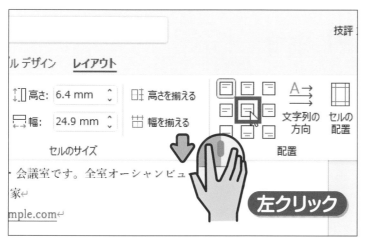

中央揃え
 を

左クリックします。

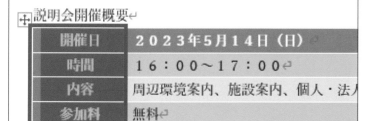

見出しが中央に
配置されました。

09 » 表を移動しよう

表を文書の中央に移動します。
表全体を選択し、配置を選びましょう。

操作

 移動 ▶P.012　 左クリック ▶P.013

1 表全体を選択します

表の内側に
カーソル
Ｉ を**移動**します。

表の左上の
を
左クリックします。

左クリック

176

2 表を移動します

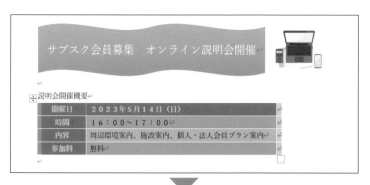

表全体が
選択されたことを
確認します。

ホーム を

 左クリックします。

中央揃え

$\equiv$ を

 左クリックします。

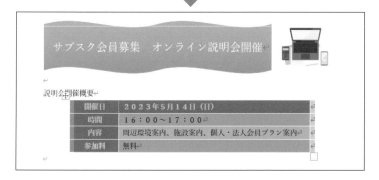

表が中央に揃いました。

10 » 文書に日付を入力しよう

文書の上余白部分のヘッダーに、日付の情報を入力します。
ヘッダーを設定する画面に切り替えて操作します。

操作　左クリック ▶P.013

1 ヘッダーを設定する準備をします

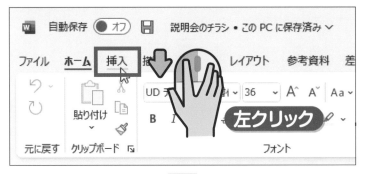

挿入 を

左クリックします。

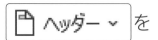

ヘッダー ✓ を

左クリックします。

2 ヘッダーの編集画面を表示します

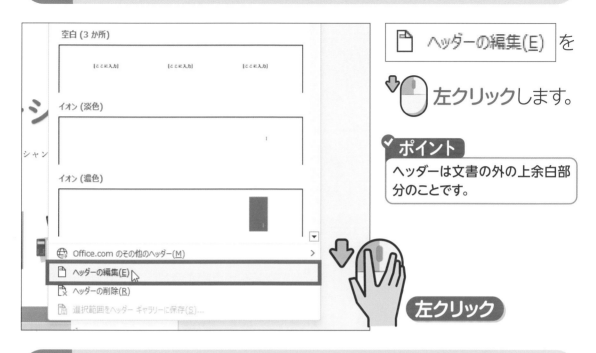

📄 ヘッダーの編集(E) を

左クリックします。

✓ **ポイント**

ヘッダーは文書の外の上余白部分のことです。

3 ヘッダーの編集画面が表示されました

ヘッダーを編集する
画面に切り替わります。
ヘッダーに、

文字カーソル

| が表示されます。

179

4 日付を表示する準備をします

 を

左クリックします。

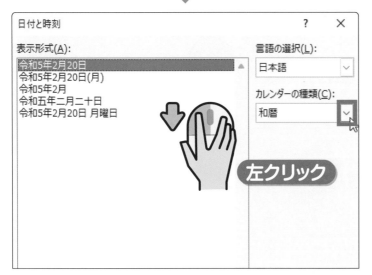

カレンダーの種類(C): の

右側の ∨ を

左クリックします。

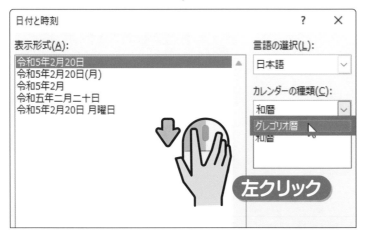

グレゴリオ暦 を

左クリックします。

西暦と和暦は、ここで
切り替えられます！

180

5 日付の表示形式を選びます

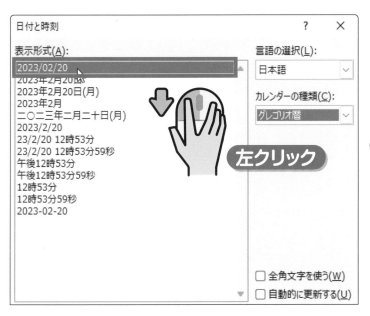

日付の表示形式を
選んで、

 左クリックします。

ポイント

ここでは「2023/02/20」を選択
しています。

6 日付を表示します

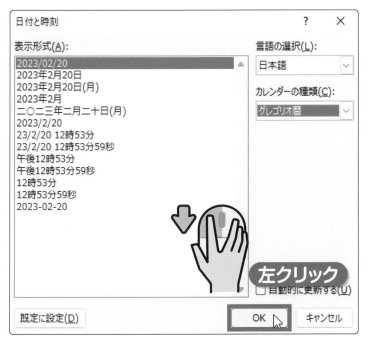

OK を

 左クリックします。

日付が追加されます。
日付の行を

左クリックします。

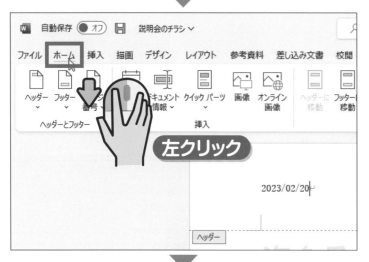

ホーム を

左クリックします。

右揃え
 を

左クリックします、

日付が右側に
表示されます。

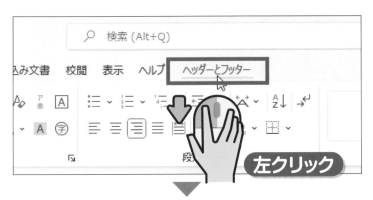

 を

左クリックします。

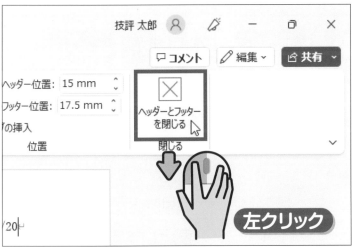

 を

左クリックします。

元の画面に戻ります。
ヘッダーに、日付が
表示されています。

ポイント

58ページの方法で、上書き保存
しておきます。

11 » 作成した文書を印刷しよう

作成した文書を印刷します。
印刷前には、印刷イメージを表示して確認します。

操作

1 印刷イメージを表示します

115ページの方法で、
印刷イメージを
表示します。

あらかじめパソコンとプリンターを
つないでおいてください！

2 部数を指定します

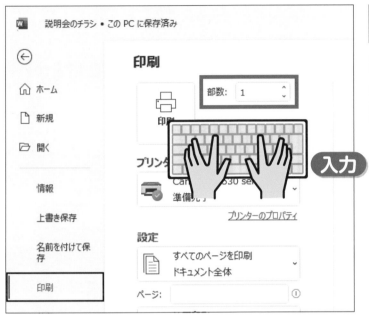

部数： 1 に

印刷部数を

入力します。

3 印刷します

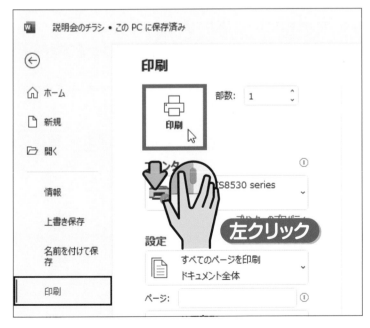

印刷 に

カーソル

を移動して、

左クリックします。

印刷が始まります。

✓ ポイント

58ページの方法で、上書き保存
して、ワードを終了します。

練習問題

1 左の列の幅を変更するときに、ドラッグする場所はどこですか?

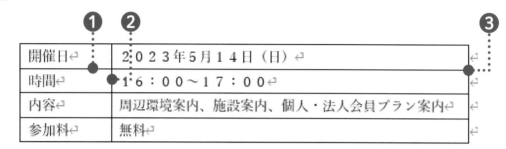

開催日↵	2023年5月14日（日）↵	↵
時間↵	16：00～17：00↵	
内容↵	周辺環境案内、施設案内、個人・法人会員プラン案内↵	↵
参加料↵	無料↵	↵

2 表全体を選択するときに、左クリックする場所はどれですか?

❶ 　　❷ 　　❸

3 文書の上部に、日付を表示したいと思います。
設定画面に切り替えるときに左クリックするボタンはどれですか?

❶ 　　❷ 　　❸

9 ワードを便利に活用しよう

この章で学ぶこと

● 操作を元に戻す方法を知っていますか？

● 余白の大きさを変更できますか？

● ワードをかんたんに起動できますか？

● 文書をPDF形式で保存できますか？

● ファイル名を変更できますか？

01 » まちがった操作を取り消そう

まちがった操作をしてしまっても、慌てる必要はありません。
直前の操作ならば、操作前の状態に戻してやり直すことができます。

操作  左クリック ▶P.013

1 まちがった操作を実行してしまったら

左クリック

写真を

左クリックして、

デリート
Delete キーを押します。

まちがって写真を
削除してしまった！

2 操作前の状態に戻します

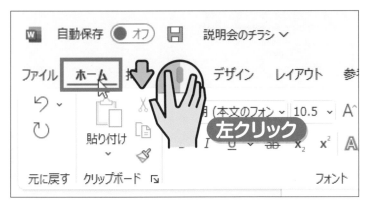

 を

左クリックします。

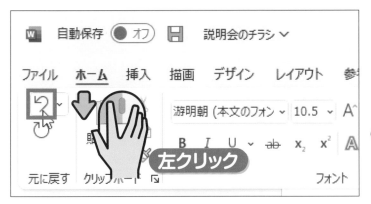

（元に戻す） を

左クリックします。

ポイント

（元に戻す）は画面左上に表示されている場合があります。

写真が戻りました。

ポイント

（元に戻す）を1回左クリックするたびに、さらに1つ前の状態に戻ります。操作を戻し過ぎた場合は、対の を左クリックすると、元に戻す前の状態に戻せます。

02 » 文書の余白を調整しよう

用紙の上下左右の余白の大きさは、一覧から選択して変更できます。
ここでは、新しい文書を作成して、余白を調整する方法を紹介します。

操作  左クリック
▶P.013

1 余白の位置を確認します

余白の位置は、
文書の四隅に
」 ∟ ⌐ Γ として
表示されています。

左の囲んだ部分が余白の位置を
あらわしています！

2 余白を調整します

 を

レイアウト を

左クリックします。

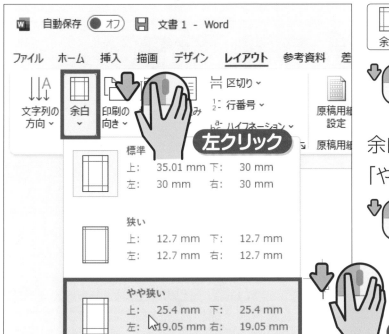

余白 を

左クリックします。

余白（ここでは
「やや狭い」）を

左クリックします。

余白が狭くなり、
文章を入力できる範囲が
広くなりました。

03 » ワードをかんたんに起動しよう

タスクバーに、ワードを起動するボタンを表示します。
アプリの一覧からワードのアプリを探す手間が省けて便利です。

操作 移動 ▶P.012 左クリック ▶P.013 右クリック ▶P.013

1 アプリの一覧を表示します

20ページの方法で、
ワードのアプリを
探します。

 に

カーソル
を移動して、

 右クリックします。

2 ワードをタスクバーに登録します

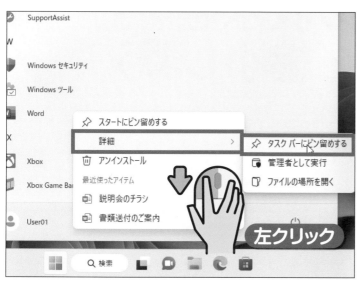

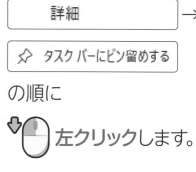

詳細 →

☆ タスク バーにピン留めする

の順に

左クリックします。

3 ワードがタスクバーに登録されました

タスクバーに、

 ワード が追加されました。

タスクバーの ワード を

左クリックすると、

ワードが起動します。

✔ ポイント

他のアプリも同様の方法でタスクバーにボタンを追加できます。

04 » 画面の表示を拡大／縮小しよう

画面の表示倍率は変更できます。
文字が見づらい場合は、拡大して表示しましょう。

  左クリック ▶P.013

1 表示を拡大します

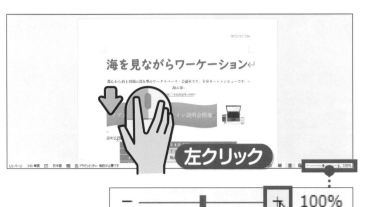

画面右下の 拡大 + を

 左クリックします。

表示が拡大されます。

拡大 + をさらに5回

左クリックします。

2 表示を元に戻します

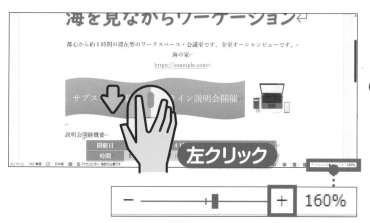

表示倍率が
大きくなりました。

縮小
─ を6回

左クリックします。

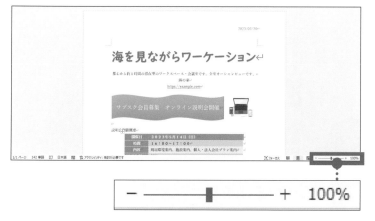

表示倍率が
100%に戻りました。

05 » リボンやタブが消えてしまった

リボンやタブが消えてしまっても、慌てる必要はありません。
元の表示状態にかんたんに戻すことができます。

操作
左クリック
▶P.013

1 リボンやタブを表示する準備をします

リボンやタブが
消えてしまっています。

画面右上端の

を

左クリックします。

左クリック

画面右上の

リボンの表示オプション

 を

 左クリックします。

常にリボンを表示する(A) を

 左クリックします。

タブやリボンが
表示されます。

06 » タブはあるがリボン だけ消えてしまった

> タブは表示されているのにリボンだけが表示されていない場合は、
> リボンの表示設定を変更します。

操作 移動 ▶P.012 左クリック ▶P.013

1 「ホーム」タブをクリックします

左クリック

ホーム に

カーソル

を移動して、

左クリックします。

✓ ポイント

タブをダブルクリックすると、リ
ボンの表示の設定が変更される
ので注意してください。

2 リボンを表示します

画面右上の

リボンの表示オプション

を

左クリックします。

を

左クリックします。

リボンが
表示されました。

07 » 飾りや配置を元に戻そう

文字の飾りや配置の設定を解除する方法を覚えましょう。
さまざまな飾りを、まとめて解除することができます。

操作　 移動 ▶P.012　 左クリック ▶P.013　 ドラッグ ▶P.015

1 元に戻す文字を選択します

株式会社田中
営業部：佐藤尚
nao@example.com

書類送付のご案内

拝啓　時下ますますご清栄のこととお慶び申し上げます。平素は格別のご高配を賜り、厚く御礼申し上げます。
さて、下記の通り書類を送付いたしますので、是非ご検討くださいますようお願い申し上げます。

飾りや配置を
元に戻したい
文字の左側に、
カーソル
を移動します。

株式会社田中
営業部：佐藤尚
nao@example.com

書類送付のご案内

清栄のこととお慶び申し上げます。平素は格別のご高配を賜り、厚く
書類を送付いたしますので、是非ご検討くださいますようお願い申し上げ

 ドラッグ

そのまま
 ドラッグして、
文字を選択します。

2 文字の飾りや配置を解除します

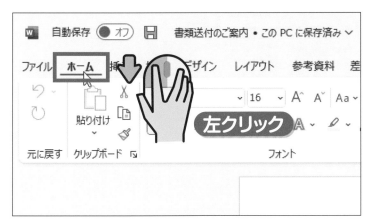

 を

 左クリックします。

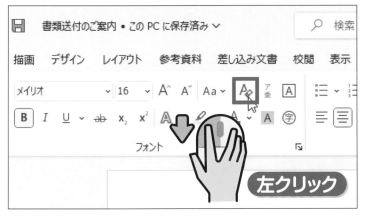

すべての書式をクリア

に

カーソル

を移動して、

左クリックします。

文字の飾りや配置が
解除され、
通常の文字になりました。

08 » 数字が勝手に入力される

> NumLockキーが押されていると、数字の入力が優先されます。
> NumLockキーを確認します。

NumLockキーを押します

数字が勝手に入力される場合は、
NumLock（ナムロック）という機能が働いています。

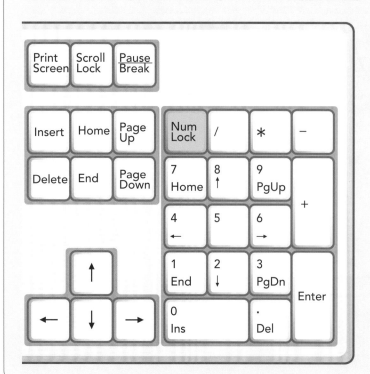

ナムロック
Num Lock キーもしくは、

Fn キーと Num Lock キーを
同時に押します。

NumLockが解除され、
通常の文字が
入力できます。

✔ ポイント

テンキーで数字が入力できない
場合も、同様の方法で解決でき
ます。

09 » アルファベットの大文字が入力される

CapsLockキーが押されていると、大文字入力が優先されます。
CapsLockキーを確認します。

📖 CapsLockキーを押します

アルファベットの大文字が勝手に入力される場合は、
CapsLock（キャプスロック）という機能が働いています。

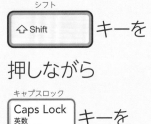

シフト
⇧Shift キーを
押しながら

キャプスロック
Caps Lock
英数
漢字番号
キーを
押します。

CapsLockが解除され、
小文字が入力できるよ
うになります。

10 » 文書をPDF形式で保存しよう

ここでは、PDF形式で保存する方法を紹介します。
ワードが入っていないパソコンでも、文書を開くことができます。

 操作

 移動 ▶P.012

 左クリック ▶P.013

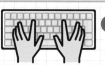 入力 ▶P.016

1 ファイルを開きます

PDF形式で
保存するファイルを
開きます。

 ファイル を

左クリックします。

2 ファイル形式を選択する準備をします

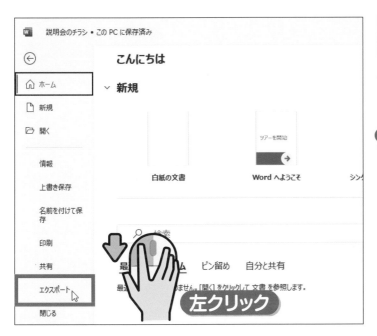

 を

左クリックします。

3 ファイル形式を選択します

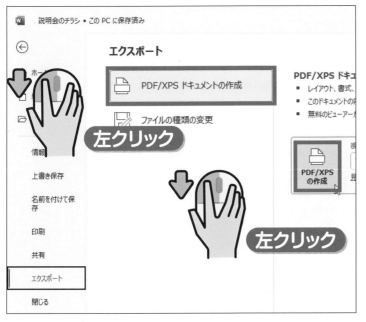

 PDF/XPS ドキュメントの作成 を

左クリックします。

 を

左クリックします。

次へ ▶

4 「ドキュメント」を指定します

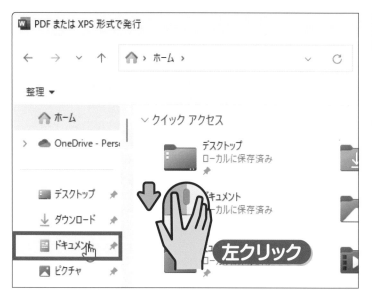

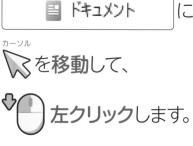に

カーソル

を移動して、

左クリックします。

5 ファイル名を指定します

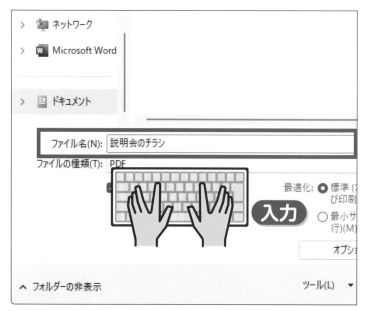

ファイル名を

入力します。

6 ファイルを保存します

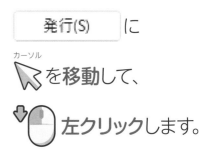

発行(S) に

カーソル
を移動して、

左クリックします。

左クリック

7 PDFファイルが開きます

PDF形式のファイルが表示されます。

閉じる
× を 左クリックして、画面を閉じます。

左クリック

💙 ポイント

PDF形式で保存したファイルは、
ドキュメント に保存されています。

11 » ファイルの保存場所を忘れてしまった

ファイルの保存先を忘れてしまったときは、ファイルを検索してみましょう。
ファイル名の一部を覚えていれば、ファイルを検索できます。

操作 移動 ▶P.012 左クリック ▶P.013  入力 ▶P.016

1 検索画面を表示します

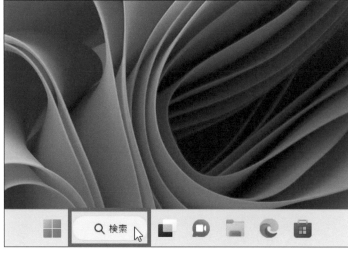

タスクバーの

に

カーソル

を移動して、

左クリックします。

2 検索欄を選択します

🔍 検索するには、ここに入力します に

🔍 検索するには、ここに入力します　I

おすすめ　　　　　　　　　　　　　　今日

❌ はじめに

左クリック

Ｃ Microsoft Edge

🔘 ヒント

✉ メールとアカウント

カーソル
I を**移動**して、

 左クリックします。

3 ファイル名を入力します

🔍 書類送付のご案内

［キーボード］ プリ　　ドキュメント　　ウェブ

入力

最　致する検　結果

書類送付のご案内
Ｗ Microsoft Word 文書
最終更新日時: 2023/2/13 15:26

Web の検索

ファイル名を

入力します。

✔ ポイント

ファイル名の一部しか覚えていない場合は、一部を入力します。

次へ ▶

4 ファイルを探します

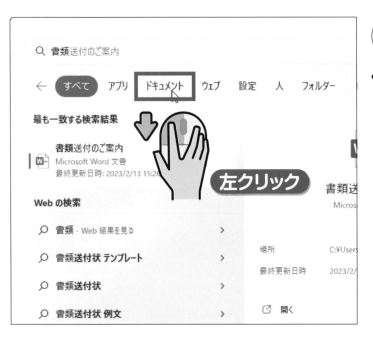

（ドキュメント）を

左クリックします。

5 ファイルの検索結果が表示されます

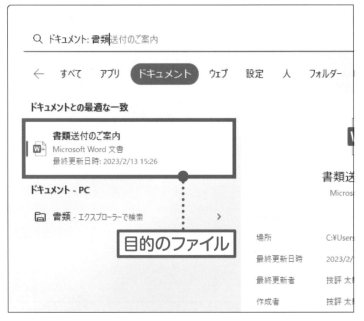

検索結果が
表示されるので、
目的のファイルを
探します。

6 ファイルを開きます

開きたいファイルを

左クリックします。

✓ **ポイント**

複数のファイルが見つかった場合は、開きたいファイルのファイル名を左クリックします。

7 ファイルが開きました

ファイルが表示されます。

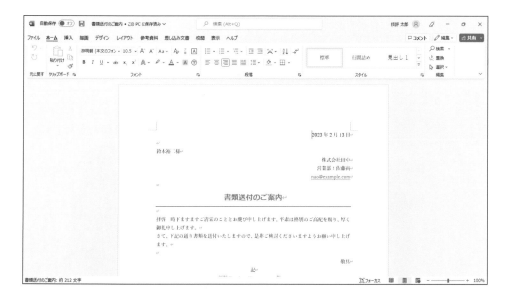

12 » ファイルの名前を変えたい

ファイルの名前は、あとから変更できます。
ここでは、パソコンの中身を表示するエクスプローラーを使います。

操作  左クリック ▶P.013 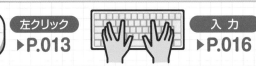 入 力 ▶P.016

1 エクスプローラーを開きます

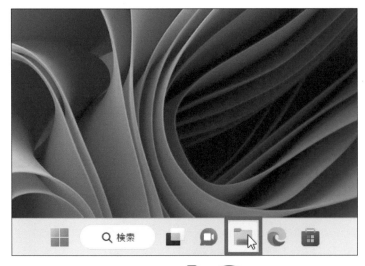

タスクバーの

エクスプローラー
を

 左クリックします。

ファイル名をまちがえてつけても、この方法でなんどでも修正できます！

2 ファイルの保存先を指定します

ファイルの保存先を

左クリックします。

ポイント

ここでは ドキュメント を左クリックして
います。

3 ファイルを選択します

ファイル名を
変更するファイルを

左クリックします。

4 ファイル名を変更する準備をします その1

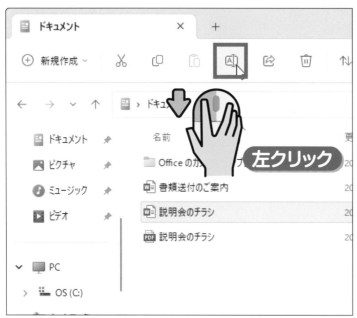

名前の変更

 を

左クリックします。

5 ファイル名を変更する準備をします その2

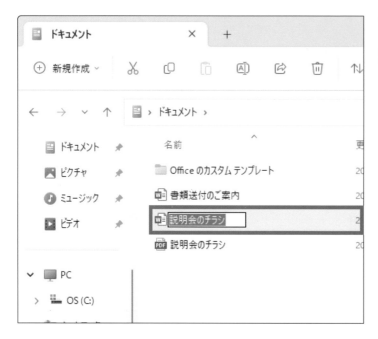

ファイル名を変更できる
状態になりました。

6 ファイル名を変更します

新しいファイル名を

入力します。

キーを押して、

確定します。

7 ウィンドウを閉じます

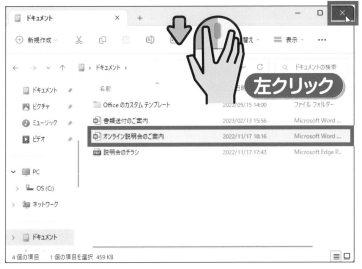

ファイル名が
変更されました。

を

左クリックします。

練習問題解答

第1章　練習問題解答

1 正解 … ❸

パソコンでアプリを起動するには、❸の█ (スタートボタン) を左クリックしてスタートメニューを表示します。すべてのアプリを表示するには、スタートメニューの右上に表示される「すべてのアプリ」を左クリックします。

2 正解 … ❷

ワードを終了するには、❷を左クリックします。保存されていない場合は、保存するかどうかをたずねるメッセージが表示されます。

3 正解 … ❷

文書を保存すると、保存する際につけたファイルの名前が❷のタイトルバーに表示されます。ファイルを保存する前には「文書1」などの仮の名前が表示されています。

第2章　練習問題解答

1 正解 … ❸

日本語入力モードと英語入力モードを切り替えるには、❸の▦ (半角/全角) キーを押します。このキーを押すたびに、日本語入力モードと英語入力モードが交互に切り替わります。

2 正解 … ❸

ひらがなを入力したあと、❸の▭ (スペース) キーを押すと、ひらがなを漢字に変換できます。❶の▦ (Delete) キーは、文字カーソルのある個所の右側の文字を削除するときに使用します。

3 正解 … ❸

ファイルを一度保存したら、次回からは❸を左クリックするだけで、修正した内容を上書き保存できます。一度も保存していない文書の場合、❸を左クリックすると、文書を保存する画面が表示されます。

第3章　練習問題解答

1 正解 … ❷

文字を入力する場所を示す文字カーソルの形は❷です。❶と❸は、マウスカーソルです。

2 正解 … ❶

文字の入力中に使用する━━━━（スペース）キーには、主に2つの役割があります。1つ目は、ひらがなで入力した文字を漢字などに変換します。2つ目は、空白文字を入力します。そのため正解は❶です。

3 正解 … ❸

選択した文字をコピーするときは、❸を左クリックします。選択した文字を切り取るときは、❷を左クリックします。コピーしたり切り取ったりした文字を貼り付けるときは、❶を左クリックします。

第4章　練習問題解答

1 正解 … ❶

文字に飾りをつけるときは、最初に飾りをつけたい文字をドラッグして選択します。そのため、正解は❶です。

2 正解 … ❸

文字を選択後、「ホーム」タブにある❸を左クリックすると、文字の色を指定できます。❶は、文字の形を変えるときに使います。❷は、文字の大きさを変えるときに使います。

3 正解 … ❶

文字を選択後、「ホーム」タブの❶を左クリックすると、文字に下線がつきます。文字を斜体にするには❷を、文字を太字にするには❸を、左クリックします。

第5章　練習問題解答

1 正解 ⋯ ❸

選択した箇所の文字の配置を中央に揃える
には、「ホーム」タブの❸を左クリックします。
ボタンの形はどれも似ていますが、よく見る
と横線の配置が異なります。

2 正解 ⋯ ❶

行頭を右にずらすには、「ホーム」タブにある
❶を左クリックします。右にずらした段落を左
に戻すには、❷を左クリックします。

3 正解 ⋯ ❷

箇条書きの記号をつけるには、❷を左クリッ
クします。❸を左クリックすると、先頭に番
号が表示されます。

第6章　練習問題解答

1 正解 ⋯ ❶

文字のデザインを変更するには、文字を選択
したあと、「ホーム」タブの❶を左クリックし
てデザインを選びます。❷は文字の色を変更
します。❸は文字に設定した飾りや配置を元
に戻します。

2 正解 ⋯ ❷

図形を扱うときは、図形を左クリックして選
択します。図形を移動するには、図形の外枠
にカーソルを移動して、カーソルの形が❷に
なったらドラッグします。❶は図形の大きさを
変更するときの、❸は図形を回転させるとき
のカーソルの形です。

3 正解 ⋯ ❸

イラストを扱うときは、イラストを左クリックし
て選択します。イラストの大きさを変更すると
きは、イラストの周囲に表示される❸をドラッ
グします。

第7章　練習問題解答

1 正解 … ❶

パソコンに保存した写真を文書に入れるには「画像」を左クリックしたあとに、❶を左クリックします。続いて表示される画面で、写真の保存先や写真を指定します。

2 正解 … ❸

写真の大きさを変更するには、❸の場所でドラッグします。❶の場所でドラッグすると、写真が回転します。❷の場所でドラッグすると、写真が移動します。

3 正解 … ❸

写真の周囲に飾り枠をつけるなど、写真の印象を変更するには、写真を選択すると表示される❸のタブを左クリックします。

第8章　練習問題解答

1 正解 … ❷

表では、列の境界線を左右にドラッグすると列幅が変わります。❷を左方向にドラッグすると、左の列の幅が狭くなり、右方向にドラッグすると左の列の幅が広がります。

2 正解 … ❸

表全体を選択するには、表内にカーソルを移動し、表の左上に表示される❸を左クリックします。❶は表に行を追加するときに、❷は表に列を追加するときに左クリックします。

3 正解 … ❷

文書の上の余白部分をヘッダー、下の余白部分をフッターといいます。文書の上の余白に文字を表示するには、「挿入」タブの❷のボタンから、ヘッダーの設定画面を開きます。

サンプルファイルの
ダウンロードについて

本書では、解説に使用したワードのサンプルファイルを提供しています。
サンプルファイルは章ごとのフォルダーに分けられ、各節の操作を開始する前の状態で保存されています。
節によっては、サンプルファイルがない場合もあります。
サンプルファイルは、下記の方法でダウンロード・展開して使用してください。

1 ブラウザー（Edgeなど）を起動して下記のアドレスを入力し、ダウンロードページを開きます。

https://gihyo.jp/book/2023/978-4-297-13263-7/support/

2 [ダウンロード] の [サンプルファイル] を左クリックします。

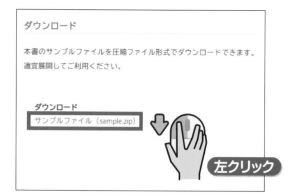

3 画面右上に表示される、[ファイルを開く] または [開く] を左クリックします。

4 表示されたフォルダーを左クリックして、[すべて展開]を左クリックします。[すべて展開]がない場合、[…]を左クリックします。

5 [参照]を左クリックします。

6 [デスクトップ]を左クリックし、[フォルダーの選択]を左クリックします。

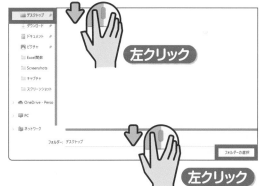

7 [展開]を左クリックすると、デスクトップにサンプルファイルが展開されます。

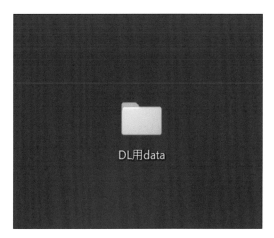

索引

著者

門脇 香奈子（かどわき かなこ）

カバー・本文イラスト

北川 ともあき

本文デザイン

株式会社 リンクアップ

カバーデザイン

田邉 恵里香

DTP

五野上 恵美

編集

土井 清志

サポートホームページ

https://book.gihyo.jp/116

今すぐ使えるかんたん　ぜったいデキます！

ワード超入門

[Office 2021／Microsoft 365両対応]

2023年 2 月 8 日　初版　第 1 刷発行
2023年 9 月 1 日　初版　第 2 刷発行

著　者　門脇　香奈子
発行者　片岡　巌
発行所　株式会社技術評論社
　　　　東京都新宿区市谷左内町21-13
　　　　電話　03-3513-6150　販売促進部
　　　　　　　03-3513-6160　書籍編集部
印刷／製本　大日本印刷株式会社

定価はカバーに表示してあります。

ISBN978-4-297-13263-7　C3055

Printed in Japan

問い合わせについて

本書に関するご質問については、本書に記載されている内容に関するもののみとさせていただきます。本書の内容と関係のないご質問につきましては、一切お答えできませんので、あらかじめご了承ください。また、電話でのご質問は受けつけておりませんので、必ずFAXか書面にて下記までお送りください。
なお、ご質問の際には、必ず以下の項目を明記していただきますよう、お願いいたします。

❶ お名前
❷ 返信先の住所またはFAX番号
❸ 書名
❹ 本書の該当ページ
❺ ご使用のOSのバージョン
❻ ご質問内容

● お問い合わせの例

❶ お名前

技術太郎

❷ 返信先の住所またはFAX番号

03-XXXX-XXXX

❸ 書名

今すぐ使えるかんたん
ぜったいデキます！
ワード超入門
[Office 2021／Microsoft 365　両対応]

❹ 本書の該当ページ

178ページ

❺ ご使用のOSのバージョン

Windows 11

❻ ご質問内容

ヘッダーが表示されない。

問い合わせ先

〒162-0846 新宿区市谷左内町21-13
株式会社技術評論社 書籍編集部
「今すぐ使えるかんたん　ぜったいデキます！
　ワード超入門　[Office 2021／
　Microsoft 365　両対応]」質問係
FAX.03-3513-6167

なお、ご質問の際に記載いただいた個人情報は、ご質問の返答以外の目的には使用いたしません。また、ご質問の返答後は速やかに破棄させていただきます。